Irakli Simonia

O significado astronómico do manuscrito "Livro das Estrelas"

Irakli Simonia

O significado astronómico do manuscrito "Livro das Estrelas"

ScienciaScripts

Imprint
Any brand names and product names mentioned in this book are subject to trademark, brand or patent protection and are trademarks or registered trademarks of their respective holders. The use of brand names, product names, common names, trade names, product descriptions etc. even without a particular marking in this work is in no way to be construed to mean that such names may be regarded as unrestricted in respect of trademark and brand protection legislation and could thus be used by anyone.

Cover image: www.ingimage.com

This book is a translation from the original published under ISBN 978-620-2-31242-4.

Publisher:
Sciencia Scripts
is a trademark of
Dodo Books Indian Ocean Ltd. and OmniScriptum S.R.L publishing group

120 High Road, East Finchley, London, N2 9ED, United Kingdom
Str. Armeneasca 28/1, office 1, Chisinau MD-2012, Republic of Moldova, Europe
Printed at: see last page
ISBN: 978-620-7-94285-5

მაისში: ♈ა, ♉გ, ♊ვ, ♋ჱ, ♌ი, ♍იბ, ♎იდ, ♏ივ,
♐ით, ♑კა, ♒კდ, ♓კვ, ♈კთ, ♉ლა:-
თიბათვეში: ♉ა, ♊ბ, ♋დ, ♌ვ, ♍ჱ, ♎ი, ♏იგ, ♐იე,
♑იზ, ♒კ, ♓კბ, ♈კე, ♉კზ, ♊კთ:-
მკათათვეში: ♊ა, ♋ბ, ♌დ, ♍ვ, ♏ი, ♐იბ, ♑იე, ♒იზ, ♓კ,
♈კბ, ♉კდ, ♊კზ, ♋კთ, ♌ლა:-
მარიამობისთვეში: ♌ა, ♍ბ, ♎დ, ♏ვ, ♐ზ, ♑ი,
♒იგ, ♓იე, ♈იზ, ♉კ, ♊კბ, ♋კდ, ♌კზ, ♍ლ:-
ენკენისთვეში: ♎ა, ♏გ, ♐დ, ♑ე, ♒ი, ♓იბ, ♈იე,
♉იზ, ♊კ, ♋კბ, ♌კდ, ♍კვ, ♎კზ, ♏ლ:-
ღვინობისთვეში: ♏ა, ♐ბ, ♑ე, ♒ზ, ♓თ, ♈იბ, ♉იდ,
♊იზ, ♋ით, ♌კბ, ♍კდ, ♎კვ, ♏კზ, ♐ლ:-
გიორგობისთვეში: ♑ა, ♒გ, ♓ვ, ♈ზ, ♉ი, ♊იგ, ♋იე,
♌იზ, ♍კ, ♎კბ, ♏კდ, ♐კვ, ♑კთ:-
ქრისტეშობისთვეში: ♒ა, ♓გ, ♈ვ, ♉ჱ, ♊ი, ♋იგ, ♌იე,
♍იზ, ♎ით, ♏კბ, ♐კდ, ♑კვ, ♒კთ, ♓ლა:-
ქუა, რუჳე, ჩლჳე, ჩლუნდ,

Capítulo 1 Introdução

Ao longo de milhares de anos e séculos, os antigos acumularam gradualmente, passo a passo, conhecimentos sobre o céu e construíram o seu mundo daquilo que observavam e compreendiam. O movimento dos corpos celestes brilhantes, todos os tipos de fenómenos celestes tiveram inicialmente um impacto e encantaram simplesmente os antigos, tornando-se depois uma fonte de conhecimento abrangente e um "instrumento" de importância prática quotidiana. A orientação do homem no espaço e no tempo é impossível sem um conhecimento versátil e regular de natureza astronómica. Este conhecimento foi acumulado pelos antigos e posto ao serviço da humanidade. O registo e a gravação do que era observado eram de grande importância para a transmissão da informação de geração em geração. Os antigos utilizavam todos os suportes em que pudessem escrever, desenhar ou registar em placas o que tinham visto e reconhecido. Estes suportes incluíam a pedra, o metal, a madeira, o pergaminho, a emulsão fotográfica, o CD e o DVD e muitos outros.

Ao longo de muitos séculos, o homem escreveu uma grande quantidade de dados astronómicos sob a forma de vários desenhos, diagramas, tabelas e textos. Hoje, estas antigas tábuas de pedra, páginas amarelecidas e fotografias antigas constituem a base do património astronómico da humanidade. Muitos dos artefactos mais interessantes, que contêm informações únicas, ainda não foram estudados e requerem uma análise mais aprofundada. Milhares de manuscritos astronómicos e astrológicos antigos estão guardados em vários centros, museus e arquivos que têm o estatuto de instituições nacionais. Estes materiais únicos, que datam da Idade Média até ao Renascimento, são de particular interesse para a ciência astronómica. As páginas destes manuscritos antigos descrevem todo o universo tal como era visto e compreendido pelo homem no século VII ou XV. Contêm descrições de instrumentos de medição angular, algumas observações antigas, tabelas com catálogos de estrelas, a cosmogonia de Cláudio Ptolomeu, o mundo de Tycho Brahe, observações de Galileu e muito mais. Os manuscritos antigos diferem na sua forma, significado e estilo - são tratados astronómicos de astrónomos árabes, tabelas intermináveis e muito precisas nos catálogos de corpos celestes compilados por exploradores europeus, descrições de desenhos de instrumentos e planos dos observatórios da Europa medieval, e muitos outros. A maior parte destes materiais já foi, naturalmente, pesquisada, enquanto outros, como já foi referido, ainda aguardam análise, explicação e interpretação. É uma tarefa bastante grande, um desafio sério para os especialistas de hoje, que continuam a referir-se ao que já foi pesquisado, sem se aperceberem ou mesmo ignorando o facto de que muitos materiais ainda não foram pesquisados. Chegou provavelmente o momento em que faz sentido aprofundar o património cultural, especialmente o património astronómico, de regiões do mundo não muito distantes. Este património astronómico é uma parte orgânica da riqueza do conhecimento mundial e pode aparecer como um elo que falta no velho círculo do conhecimento astronómico. Talvez fosse útil estabelecer um almanaque ou um boletim sob um título comum - as páginas da astronomia desconhecida - no qual seriam publicados fragmentos de manuscritos antigos escritos em diferentes línguas por autores desconhecidos, que nunca foram o centro das atenções da comunidade científica internacional.

Estamos plenamente conscientes da necessidade de discutir uma proposta deste tipo. Estamos certos de que haverá quem seja a favor e quem seja contra. Uma análise objetiva de todos os argumentos apresentados permitirá apoiar ou rejeitar a iniciativa proposta.

Até à data, foram encontrados mais de 300 manuscritos astronómicos e astrológicos georgianos dos séculos X a XIX. Estes manuscritos estão escritos em georgiano antigo e são muitas vezes traduções de línguas estrangeiras, por exemplo, do árabe, mas não é raro encontrar obras georgianas originais de carácter calendárico, cosmogónico e catalográfico. Estes manuscritos estão conservados em centros, arquivos e bibliotecas da Geórgia, França, Rússia e outros países. É preciso dizer que uma grande parte do material ainda não foi pesquisada, ou apenas superficialmente.

O Centro Nacional de Manuscritos da Geórgia (localizado em Tbilisi, a capital da Geórgia) preserva materiais astronómicos e astrológicos únicos, não só georgianos, mas também persas e árabes. Estes materiais orientais são também de grande interesse e não são estudados em maior escala do que os georgianos. Um dos exemplos mais interessantes do património astronómico e astrológico é o manuscrito registado no catálogo oficial do Centro como Q 867. Alguns investigadores consideraram este manuscrito apenas como uma fonte de conhecimentos astrológicos dos séculos XVII-XVIII e chamaram a este material simplesmente "quiromancia planetária" ou "quiromancia". A nossa análise mostra a importância astronómica deste manuscrito. Ele contém uma mistura única de dados astronómicos e astrológicos. É por isso que chamámos a este manuscrito o "Livro das Estrelas" (Simonia 2001a). Hoje podemos dizer que a análise primária está concluída - muito se compreende, mas muito mais há ainda a registar, esclarecer e verificar. Já existem diferentes pontos de vista sobre este assunto, mas a questão continua em aberto. Passemos ao material do manuscrito, descrevamos os resultados da investigação e discutamo-los.

Capítulo 2 Análise do Livro de Estrelas

O manuscrito "O Livro das Estrelas", composto por 250 páginas, escrito no alfabeto georgiano "Mkhedruli", contém provas astronómicas e astrológicas. O autor do manuscrito é desconhecido. A única coisa que podemos fazer é dar-lhe um nome convencional. Partindo do princípio de que uma obra astronómica e astrológica só poderia ser preparada, escrita ou traduzida por um homem culto e instruído, demos-lhe o nome de "Mtsodne", que na tradução georgiana significa "culto, instruído".

O capítulo 1 do manuscrito intitula-se: "Dos filósofos - sob que corpo celeste nasce uma pessoa". Mtsodne escreve: São Job diz que está escrito na mão de cada homem o que ele fará na vida prática. Os filósofos chamam ao que S. Job disse "quiromancia" em latim. Cada um nasce sob um corpo celeste e, para isso, é preciso saber a conta da circulação (relação, tratamento) dos corpos celestes e das informações". O autor do manuscrito diz: "Os filósofos do passado discutiram o problema da unidade dos céus". Mtsodne escreve: "A multiplicidade dos céus é conhecida não só pelas Sagradas Escrituras". O autor do manuscrito cita exemplos das Sagradas Escrituras: "louvai os altos céus dos céus", "exaltado como o homem até ao terceiro céu".

Mtsodne conclui com as palavras: "Sabemos agora, a partir desta prova sagrada, que os céus são muitos". Aqui o autor desconhecido compreende o papel progressivo da Sagrada Escritura no desenvolvimento cultural da humanidade. A certeza do autor do manuscrito ao discutir o tema em questão revela a sua compreensão do processo de desenvolvimento cultural. Mtsodne escreve: "Como dizem os Munajibs, especialmente Munajib Arriaga, que era árabe, estes céus são constituídos por quatro substâncias. São inanimadas, não se reduzem, são espessas, não brilham sozinhas, a sua luz é estranha, e não precisamos aqui das suas várias combinações e separações, escreveremos no sítio necessário. Assim, como outros filósofos provaram com razão e firmeza, pensaremos da mesma maneira." Como podemos ver no extrato citado, Mtsodne conhecia várias fontes. O autor do manuscrito combina magistralmente conhecimentos de carácter religioso e secular, recorrendo a fontes de diferentes origens. Mtsodne trabalha com os termos "filósofo" e "munajib". No seu entender, ambas as categorias de figuras se ocupavam do estudo dos corpos celestes. E, na opinião de Mtsodne, o conhecimento obtido sobre os corpos celestes deveria ser utilizado para prever o destino da humanidade. Pode concluir-se que Mtsodne conhecia a língua árabe e a escrita latina, bem como o georgiano. Combinou a astronomia e a astrologia num todo para uma só pessoa e com base em conhecimentos.

Na obra de Grant (1994), o nome de Roderigo de Arriaga (1592-1667) é mencionado em relação à discussão do problema do céu em movimento e da luminescência dos corpos celestes. Logicamente, podemos supor que Munajib Arriaga e Roderigo de Arriaga são a mesma pessoa, especialmente se considerarmos a época em que o manuscrito Livro das Estrelas foi escrito. No entanto, não há provas evidentes deste facto, pelo menos por enquanto. Se esta suposição estiver correta, torna-se claro o facto de os conhecimentos astronómicos terem sido transmitidos à região do Cáucaso através de traduções de várias obras fundamentais e da sua maior divulgação.

Mtsodne prossegue descrevendo a estrutura do mundo. "Os cosmógrafos discutem o tamanho do mundo. Em latim chamam-se "cosmographines" e nós referimo-nos ao melhor deles, segundo o qual o tamanho do mundo é 21 vezes cem mil e quinhentos agaji e o seu comprimento é noventa vezes cem mil agaji. A sua largura é dez vezes cem mil e vinte e dois agaji e do centro para a borda é cinco vezes cem mil agaji e onze agaji. Este mundo está abaixo da circunferência da lua, assim como as outras substâncias. Estas quatro substâncias são: Fogo, Ar, Terra e Água. A natureza do fogo é certamente quente e a da água é fria, a da terra é húmida e seca e a do ar é quente e húmida. Agora, os filósofos discutem sobre o tamanho da água e da terra. Uns dizem que a água é maior, outros dizem que a terra é maior. Mas os melhores dizem que, se a água é maior, é porque se move e divide a terra em rochedos, ilhas e cidades reais. E há três substâncias à volta da água, e é por isso que ela revela todas as circunferências. O profeta David diz no capítulo 108: "A água corre entre os montes". E volta a dizer no capítulo 135: "que estabeleceu o mundo sobre as águas, e nós dizemos agora, e é verdade, que o ar não tem circunferência, e por isso não se mede. Mas todos os nascidos estão imersos no ar, que está constantemente em movimento e move os outros." "O tamanho da circunferência do fogo é 175 vezes cem mil e 80 agaji. A sua largura é 138 vezes cem mil e 700 agaji. E a distância da terra ao fogo é 15 vezes cem mil e 800 agaji". Agaji é uma antiga medida georgiana de comprimento (1 agaji = 1000 passos (Orbeliani, 1991). Tentamos fazer uma tradução mais próxima do original e que reflicta os pormenores e as nuances da visão do mundo do autor. Mtsodne sabe exatamente sobre o que está a escrever ao dividir o mundo em substâncias e esferas. Descreve quatro substâncias que supostamente reflectem a sua natureza e fala de terra, água, ar e fogo. É interessante o facto de Mtsodne indicar os tamanhos da terra e das esferas correspondentes nas antigas medidas georgianas de comprimento - agaji. Parece que o autor recalculou os tamanhos correspondentes utilizando a medida agaji. Mtsodne sublinha que o mundo e as várias substâncias se encontram abaixo da circunferência da lua. Quando lemos estas linhas do Livro das Estrelas, lembramo-nos involuntariamente de Empédocles, que afirmava que os elementos básicos do universo são a terra, a água, o ar e o fogo. No mundo sob a lua de Aristóteles, a ordem era a seguinte: Terra e água, rodeadas por uma camada de ar, que por sua vez era rodeada por fogo. O autor do manuscrito estava provavelmente familiarizado com as obras destes filósofos. Mtsodne salienta que "há três substâncias à volta da água e ela revela os fundamentos de todas as circunferências". Esta é uma afirmação muito importante que atesta a compreensão do autor do manuscrito sobre a natureza física dos tipos de substâncias descritas. Ele vê o limite da divisão dos meios: água/terra, água/ar e água/fogo. Não se trata ainda de uma compreensão das condições gerais da substância, mas já de uma compreensão da diferença entre os seus tipos. O excerto citado do manuscrito prova que Mtsodne não era um simples narrador ou tradutor de várias teorias e considerações, mas antes o seu intérprete e seguidor dos seus autores. Quando Aristóteles descreve o universo na direção Terra-Lua, o autor do manuscrito lança um olhar sobre o mundo como se o estivesse a ver separado da esfera da Lua, mencionando que este mundo está sob a circunferência da Lua - fogo, ar, terra e água. Não lhe é difícil "viajar" no espaço, está bem orientado nos tipos de substância e esferas; vê e compreende a harmonia do mundo e o seu desenvolvimento imparcial.

Mtsodne tenta explicar cada termo, cada palavra estrangeira, de modo a refletir a verdadeira essência dos nomes correspondentes de conceitos e substâncias. Assim, ele traduz "cosmógrafos" como os pesquisadores do mundo. O desejo de ir à raiz do problema, de tocar na base elementar do componente, caracteriza o autor do manuscrito como um filósofo que trabalha com considerações cosmológicas virtuais, que tenta captar as suas reflexões e transmiti-las às gerações futuras. Pode ler-se nas entrelinhas - estou a aprender e vocês estão a aprender comigo, o mundo é simples e belo e vocês verão essa beleza. Coloca-se então a questão: quem era o autor anónimo - um filósofo, um astrónomo, um clérigo? Não é impossível que estivessem todos juntos. O seu trabalho não foi em vão. Hoje lemos estas linhas, analisamos os seus pontos de vista, e não há

Duvido que as linhas do manuscrito, não queimadas pelo fogo da história, tenham servido a muitas gerações como um guia fiável no complexo mundo das substâncias e das esferas.

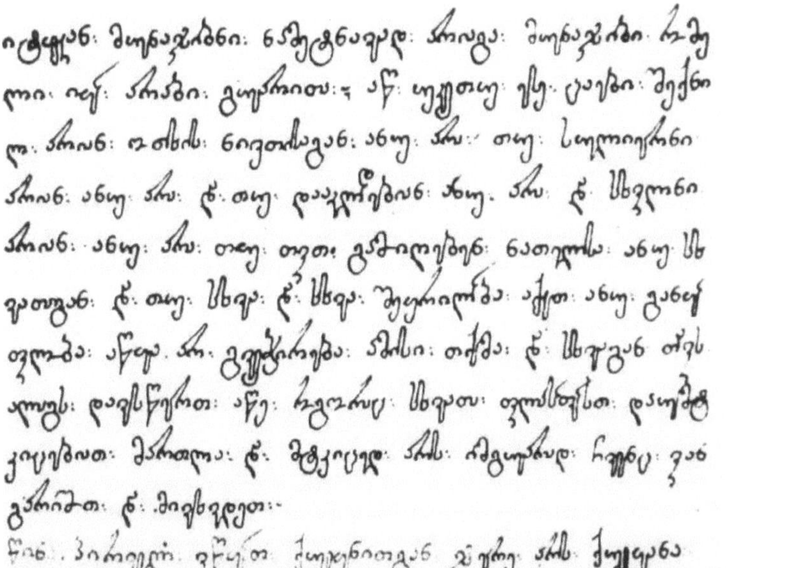

Fig. 1: O nome Arriaga aparece nesta página do livro das estrelas.

A Fig. 1 mostra os fragmentos citados do manuscrito. Esperamos agora, ou temos quase a certeza, de que os leitores terão uma ideia justa da vasta erudição do autor do manuscrito. Ele, que provavelmente falava várias línguas estrangeiras, foi capaz de ler as obras filosóficas dos clássicos no original e de interpretar e concretizar magistralmente o que tinha lido. No entanto, isto levanta questões legítimas sobre o grau de erro do autor do manuscrito e a exatidão da sua obra para o período em questão. Considerando o período presumido em que o Livro das Estrelas foi escrito (século XVII), pode afirmar-se, sem qualquer ironia, que Mtsodne apresenta pontos de vista filosófico-cosmológicos bastante desactualizados. Será a falta de fontes contemporâneas, o desejo de completar o conhecimento perdido ou a profunda convicção do autor do manuscrito da veracidade dos pontos de vista apresentados? Ou talvez se trate de uma obra de carácter histórico-científico. Talvez o autor estivesse simplesmente a tentar dar uma vista de olhos ao passado. Para responder a estas questões bastante difíceis, devemos limpar o pó do tempo das páginas amarelecidas do manuscrito e seguir em frente.

"O céu de Mtovare é como um espelho. O céu e o espelho são o mesmo, pois os filósofos chamam ao céu - um espelho. O comprimento da circunferência da órbita de Mtovare é 829 vezes de cem mil e 60 agaji, e a largura é 69 de cem mil e 690 agaji, e da terra até ela é 135 de cem mil e 350 agaji. Muitos discutem sobre o tamanho de Mtovare. [th]Uns dizem que o tamanho de Mtovare é 1/39 parte da terra, e isto é oitocentos e sete e meio agaji. [th]Outros pensam que é 1/30 da terra, e isto seria 1050 agaji. Mas o árabe Arriaga é de opinião que Mtovare corresponde a uma terça parte da Terra, e isso é dez vezes cem mil e 550 agaji." "O comprimento da circunferência da órbita de Otarid é de cinco milhões e quatro vezes por cem mil e 82.090 agaji, e a sua largura é de um milhão e sete vezes por cem mil e 20.820 agaji."

Como podemos ver, o autor do manuscrito volta a mencionar o árabe Arriaga a propósito da descrição da lua. O autor do manuscrito passa depois a descrever os planetas do sistema solar. Em particular, menciona o planeta Otarid. Na obra de Pingree (1985), na secção - um pequeno dicionário de palavras árabes e persas - pode ler-se "Utarid - Mercúrio". Aqui há algumas transformações da variante georgiana do nome do planeta Mercúrio. O autor utilizou provavelmente as fontes árabes e persas. Para além disso, Mtsodne não menciona o antigo nome georgiano de Mercúrio - Jimagi. Este e outros nomes de planetas foram usados na Geórgia até ao século IV d.C. (Simonia, 2001a). Não se pode excluir que Mtsodne não conhecesse os antigos nomes georgianos dos planetas. Começa então a parte mais interessante: "Há outra estrela no céu deste Otarid. A sua circunferência é de mil cento e trinta Agaji". Como vemos, Mtsodne revela-nos um facto bastante misterioso - o planeta Mercúrio tem um satélite, e até dá o comprimento da órbita. O que é isto - ficção, invenção ou falta de conhecimento? Talvez o autor do manuscrito estivesse a tentar uniformizar uma imagem geral do mundo, como por exemplo - o planeta tem sempre um satélite ou os corpos pequenos giram sempre à volta dos grandes. Se tais discussões corresponderem, pelo menos parcialmente, à realidade, então o manuscrito é elevado à categoria de ensaio científico e, por outro lado, o autor do manuscrito é rotulado como filósofo ou cosmólogo que tenta descrever o mundo do ponto de vista da homogeneidade e da harmonia. Pode presumir-se que o autor do manuscrito, que tentou transmitir-nos o conhecimento que sistematizou, teve a coragem de lhe acrescentar os seus próprios pontos de vista e ideias, pois tinha a certeza de que eram verdadeiros. O facto de descrever meticulosamente as longitudes e latitudes das órbitas planetárias mostra o seu desejo de recuperar conhecimentos perdidos e de dar à sua obra um carácter enciclopédico. E aqui há contradições entre as obrigações precisas de um colecionador, um sistematizador, e as actividades livres de um pensador que não tem medo da especulação.

Mtsodne continua: "O tamanho do Otarid é de trezentos e oitenta e oito Agaji. E o seu movimento ao longo da faixa de imagens vivas (chamada dzodiako na língua dos Munajibs) tem lugar em trezentos e sessenta e oito dias". É interessante notar que não estamos a falar aqui do período físico de rotação em torno do Sol, mas de um período zodiacal, ou seja, o período em que o planeta passa por todas as constelações do zodíaco. Isto significa que o autor adoptou o ponto de vista do geocentrismo. Naturalmente, na sua opinião, o Sol e os planetas giravam à volta da Terra. O nome da faixa zodiacal também é interessante - a faixa das imagens vivas. Isto mostra que Mtsodne não estava apenas familiarizado com as constelações do zodíaco, mas, de um modo geral, com as constelações como com os padrões da realidade virtual nocturna. O livro de estrelas manuscrito tem uma caraterística interessante mas estranha: quanto mais se lêem estas velhas linhas, mais se encontra algo nelas, talvez algo insignificante mas novo, ou percebe-se o que se leu sob uma nova luz. Talvez esta seja uma caraterística da maioria dos manuscritos antigos, aos quais recorremos uma e outra vez na tentativa de compreender o material de novo, de o apreender de novo. Não é de excluir que, 100 ou 200 anos mais tarde, este manuscrito e muitos outros comecem a falar de uma forma diferente e a informar os seus leitores, intérpretes, sobre o que é novo, o que há muito foi esquecido ou o que não era compreensível na altura. Como que para provar a sua propensão para o conhecimento enciclopédico, Mtsodne passa diretamente para o planeta seguinte. Trata-se do planeta Zohara. Mtsodne escreve: "O comprimento da circunferência da órbita de Zohara é de 37 milhões e quatro vezes cem mil e sessenta mil Agaji..." "Da Terra a este planeta são nove vezes cem mil e cinquenta e cinco mil e quinhentos Agaji. E no céu deste Zohar há uma estrela com um tamanho de oito mil duzentos e dez Agaji e uma largura de dois mil e quinhentos Agaji." Aqui está outro "facto" surpreendente. Sua Alteza Vénus, segundo o autor, tem um satélite, uma pequena estrela, um corpo físico e um elemento constituinte do quadro harmónico comum do mundo construído pelo autor do manuscrito. Não parece haver outra explicação racional para este facto. Terminologicamente, Mtsodne adere a um estilo rigoroso que não prevê o uso das palavras "órbita", "trajetória", "linha", mas sim o uso das palavras "céu", "arco", "circunferência". Assim, a definição do tipo "existe uma estrela no céu deste planeta" pode ser interpretada como "existe um corpo mais pequeno em órbita à volta do referido planeta". As particularidades terminológicas do texto do presente manuscrito reflectem certamente, em parte, as particularidades terminológicas das fontes que o autor desconhecido utilizou como base. É fácil adivinhar que Mtsodne passa agora para o corpo celeste mais brilhante - o Sol. "O comprimento da circunferência da órbita de Mze é de cinquenta e três milhões e cento e cinquenta e três por cem mil e oitocentos e sessenta milhões de agaji, e a sua largura é de dezasseis milhões. Da terra até ele são sete milhões novecentos e noventa e cinco vezes cem mil e quinhentos agaji. Devemos saber que o corpo de Mze nasce da claridade construtiva do próprio céu, como Mtovare e outras estrelas. O tamanho de Mze é cento e oitenta mil e mil quinhentos e setenta agaji, e a sua largura é dezasseis vezes cem mil agaji". O comprimento da órbita e os tamanhos do sol conhecidos por Mtsodne são, evidentemente, impressionantes. O mais interessante, porém, é o desejo do autor do manuscrito de realçar o sol como o corpo celeste mais brilhante. Tenta descrever a própria essência da sua substância, a nível micro, por assim dizer. É precisamente por isso que ele escreve sobre a claridade construtiva do próprio céu. Isto pode ser entendido como a composição do Sol a partir de pequenas partículas brilhantes de substância cósmica. Podemos concentrar a nossa atenção num grau muito pequeno dessa interpretação voluntária. Mas nós vemos e compreendemos as palavras de Mtsodne precisamente desta forma. Ao não considerar complicado o facto de o Sol ser exclusivamente um corpo celeste e um fenómeno quotidiano, Mtsodne tentou penetrar na sua profundidade, na sua essência. O autor passa depois ao membro seguinte da família dos corpos celestes, o misterioso Marte. "O comprimento da circunferência da órbita marciana é trezentos milhões e noventa vezes cem mil e sete mil e trezentos agaji. A sua largura é de cento e vinte e seis milhões quinhentos e quarenta e dois vezes cem mil agaji. Da terra até ela há sessenta e três milhões duzentos e sessenta e seis por cem mil e quinhentos agaji. Há uma estrela no céu de Marrikh. E a sua órbita é de quatro mil, um mil, duzentos e oitenta agaji. A largura do corpo de Marrrikh é dezasseis vezes cem mil agaji".

Na obra de Pingree (1985), na secção relativa a um pequeno dicionário de palavras árabes e persas, é mencionado que Marrikh significa Marte. Este é outro exemplo da penetração de terminologia estrangeira na língua georgiana e da sua posterior adaptação e remodelação. A menção do satélite Marte com a menção de pormenores atrai a atenção. O dicionário explicativo da língua georgiana "Sitkvis Kona" (Orbeliani, 1991) enumera os corpos do sistema solar, incluindo Marte, que o autor do dicionário designa por Marrikh, Area ou Aria. Na descrição pormenorizada deste planeta, que se encontra na página 62 do volume 1, diz-se: "No céu desta Aria há outra estrela". Uma comparação do âmbito e conteúdo das descrições planetárias no Livro das Estrelas manuscrito e no dicionário de Orbeliani mostra que Mtsodne e o autor do dicionário usaram fontes diferentes. As descrições mais detalhadas e aprofundadas dos corpos do sistema solar contidas no dicionário de Orbeliani fornecem-nos naturalmente informação adicional e testemunham a abordagem mais abrangente e ponderada de Orbeliani ao processo de generalização e universalização do conhecimento em geral e dos dados astronómicos em particular. É interessante que Orbeliani, que se refere a Marte como Aria, mencione o satélite de Marte. Tratar-se-á novamente de uma teoria da harmonia ou de uma evidência adicional, ainda pouco clara para nós, provavelmente perdida? Devemos lembrar-nos neste contexto de Jonathan Swift, que, ao desmascarar e ironizar, tentou apresentar-nos algo desconhecido, por exemplo, provas ocultas sobre os satélites de Marte (Simonia, 2001b). Orbeliani trabalhou no dicionário no início do século XVIII. Século no dicionário. Como podemos ver, é sobre isto que devemos refletir. O tema específico em causa requer mais investigação especializada. Em relação a este tema, devemos também mencionar Voltaire, que deu um grande contributo para o resgate da ficção antiga ou para o processo de transmissão de conhecimentos antigos perdidos. Pessoas tão diferentes como Swift, Voltaire e Orbeliani, que viveram em diferentes regiões da Europa, estão ligadas, por estranho que pareça, por Marte e os seus satélites. Mtsodne junta-se a esta linha de escritores e filósofos como um autor desconhecido que, mais uma vez, nos fornece uma estranha referência aos satélites de Marte.

Passemos então ao livro de estrelas escrito à mão e ao planeta seguinte. "O comprimento da circunferência da órbita de Mushtari é de quatrocentos e cinquenta milhões trezentos e setenta e oito Agaji, a sua largura quarenta milhões quatrocentos e trinta e oito vezes cem mil e seiscentos Agaji. Da Terra até ela são setenta milhões duzentos e doze vezes cem mil e oitocentos agaji. A circunferência de Mushtari é cento e quarenta e duas vezes cem mil agaji, e a sua largura - noventa vezes cem mil seiscentos e quarenta agaji." É interessante que, no caso de Júpiter, o autor não menciona nada sobre os satélites deste planeta.

Por isso, devemos ser muito cuidadosos quando julgamos a harmonia e a simetria da visão do mundo do autor do manuscrito. Não é de admirar que as hipóteses tenham de ser feitas e depois postas em dúvida - este é um processo natural de análise crítica consistente do conhecimento antigo. Terminada a descrição de Mushtari, o autor passa ao planeta seguinte. Escreve: "O comprimento da circunferência de Zohali é de seiscentos e treze milhões quatrocentos e trinta e quatro vezes cem mil agaji. A sua largura é de noventa e cinco milhões oitocentos mil e seiscentos agaji. Da terra até ele são noventa e sete milhões quinhentos e oitenta e sete vezes cem mil e trezentos agaji. A circunferência de Zohali é cento e quarenta e duas vezes cem mil agaji, e a sua largura é quarenta e quinhentos mil agaji." Na obra de Pingree (1985) pode ler-se: "Zohara-Vénus, Mushtrari-Júpiter, Zohal-Saturno". Como podemos ver, a maior parte dos nomes dos corpos do sistema solar mencionados no manuscrito em análise entraram na língua georgiana vindos do exterior. Apenas dois nomes georgianos são mencionados por Mtsodne, Mtovare e Mze, que na tradução significam Lua e Sol, respetivamente.

Passemos agora aos números. Se considerarmos que 1 passo equivale a 1 metro, então 1 agaji equivale a 1 km. Sulkhan-Saba Orbeliani dá diferentes significados de agaji no seu dicionário. Neste caso, baseamo-nos na variante em que 1 agaji é igual a 1 milha francesa, o que, segundo Orbeliani, inclui 1000 passos. Consequentemente, o comprimento da órbita de Marrekhi será igual a 309 007 300 km. E o significado correto do comprimento da órbita de Marte é 715 731 600 km. Como podemos ver, a diferença é muito clara. Estará Mtsodne enganado? Vamos abordar o problema pelo outro lado, ou seja, vamos assumir que estamos errados! Suponhamos que, de acordo com o entendimento dos antigos georgianos, um passo era de 0,5 metros, então 1 gaji corresponde a 0,5 km. Se aplicarmos o significado atual de um gaji, obtemos o comprimento da circunferência da órbita de Marrekhi de 154 503 650 km. Podemos, portanto, dizer que Mtsodne estava enganado. Provavelmente, retirou o significado errado das fontes ou cometeu ele próprio erros sistemáticos nos cálculos.

Passemos agora a outro caso, o de Júpiter. De acordo com Mtsodne, o comprimento da circunferência da órbita de Mushtari é de 450 000 372 (1 agaji = 1 km). No entanto, o comprimento correto da circunferência da órbita de Júpiter é 244 398 7600 km. Como se pode ver, Mtsodne enganou-se nos seus cálculos. No entanto, também deve ser mencionado que as ordens de grandeza que citou para o comprimento da circunferência das órbitas dos planetas exteriores aumentam com a distância à Terra. Este facto mostra que Mtosdne compreendia as regularidades gerais da estrutura do sistema planetário. Os dados publicados no trabalho de Grant (1994) podem servir como material comparativo claro.

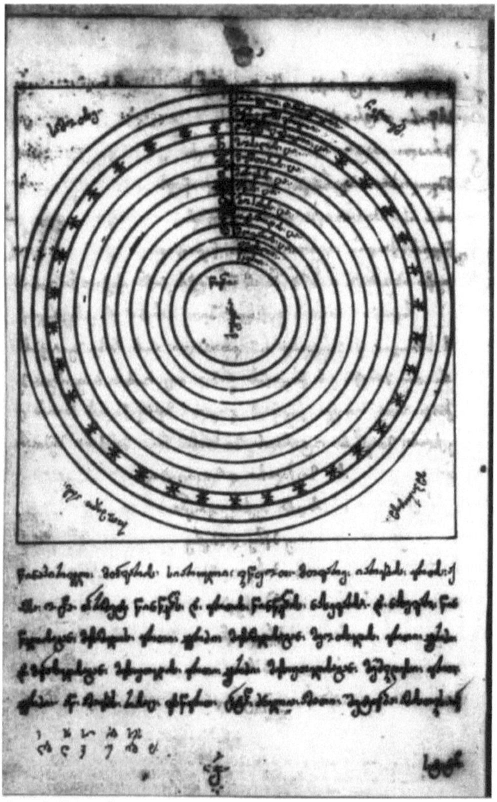

Fig.2 O sistema solar de Mtsodne.

A figura 2 ilustra graficamente a estrutura do sistema solar no contexto das considerações de Mtsodne. Esta imagem é uma reprodução da página correspondente do Livro das Estrelas. No trabalho de Heninger (1977), foram apresentadas as concepções geocêntricas de Sacrobosco, Apian e Cortez. A correlação entre as visões geocêntricas de Mtsodne e dos autores acima mencionados é óbvia.

Passemos agora aos capítulos seguintes do Livro das Estrelas. O capítulo 2 é de carácter astrológico. O autor menciona a proteção dos corpos celestes sobre a humanidade. Seguindo os filósofos, especialmente Aristóteles, Mtsodne começa a sua narrativa astrológica com uma descrição da proteção da Lua. Descreve em pormenor a relação mística deste tipo de proteção. Também menciona as caraterísticas de uma pessoa nascida sob a lua e refere-se à proteção da lua sobre a prata. Mtsodne fala do movimento da lua e diz que a lua passa por todas as 12 constelações num período de 27 dias e 8 horas. Mtsodne atribui ainda à lua a "responsabilidade" por algumas doenças, nomeadamente a epilepsia e a doença de Parkinson.

Isto levanta a questão de saber se Mtsodne observou (ou leu nas fontes) uma correlação entre as fases da lua e a exacerbação de várias doenças. Não discutiremos certamente esta questão, mas os especialistas em bioastronomia, biofísica e história da medicina devem estudar em pormenor o fragmento do presente manuscrito. Mtsodne menciona a proteção da Lua sobre a sétima placa da Terra. Em seguida, enumera os países que estão sob a proteção da Lua: Felandria, Olanda, Selandia, Dinamarca e Norinberg. Os nomes dos países são dados exatamente como foram escritos pelo autor anónimo. O material acima mencionado pode tornar-se uma chave para a datação do manuscrito, especialmente para a coordenação da lua e da prata pelo autor. É fácil adivinhar que Mtsodne também descreve outros corpos celestes neste capítulo. Citaremos o material relevante de uma forma mais esquemática: Mercúrio, o rei da tristeza, protege aproximadamente o tamanho da terra; o chronikon; os munajibs (astrónomos); os cantores da igreja; os comerciantes. Este corpo celeste protege também os cães, os coelhos, as cabras, as cobras, os vermes; sobre os frutos Citrus aurantium; toranja; limão; protege sobre o mercúrio. O período de circulação é de um ano (juntamente com o Sol). Protege os países e as cidades: Aistra, Arabstan, Viena, Agvista, Leiz, Sieina, também sobre o vinho novo. O manuscrito prossegue dizendo que: "a evidência sobre Zohari estava ausente do original". Depois há o Sol: está no centro de todos os corpos celestes, como um rei no seu reino. Protege os reis, os príncipes, os comandantes; os leões, os cavalos, os galos; as plantas - o vinho, a erva, as rosas e os diospiros. Protege o ouro. E ilumina a banda das imagens vivas, pois está lá 365 dias e 6 horas. Protege sobre o Oriente.

Depois Marte: protege os ferreiros e todos os artesãos do ferro e do fogo, das guerras e das suas armas. Os poetas dizem - deus dos guerreiros. Protege os tigres, as grandes serpentes, as salamandras; espécies: a pimenta e tudo o que é amargo, também o alho francês, o alho, a cebola, etc. Protege o ferro. Em seguida, são descritas várias doenças associadas a Marte. O período da órbita é de 2 anos. Protege os países e as cidades: Jetulio, Lombardio, Krakiova, Gotso, Padova e Ferara.

Depois Júpiter: protege as águias, os falcões, os falcões; o trigo e o centeio; o estanho. O período de revolução é de 12 anos. Protege os países e as cidades: Bagdade, Geórgia, Kakheti, Imeretia, Pérsia, Ungria, Slania e Kolonia. Aqui Mtsodne menciona Kakheti e Imeretia. São províncias da Geórgia - Kakheti a leste e Imeretia a oeste.

Depois Saturno: protege os agricultores, os trabalhadores, as viúvas, os prisioneiros; também os elefantes, os búfalos, os burros, os camelos, os ratos, os corvos negros; o chumbo. O período de rotação é de 30 anos. Protege os países e as cidades: Sasonia, Roménia, Ravena e Constanitsa. Como podemos ver, o autor do manuscrito tenta cobrir um vasto campo de informação, citando provas de natureza astronómica, astrológica, médica, agrícola, geográfica e outras. O autor do manuscrito tenta dar à sua obra um carácter referencial ou enciclopédico, uma vez que se esforça por obter mais pormenores e apresenta vários factos e dados. Gostaríamos de chamar a vossa atenção para dois momentos. O manuscrito menciona o papel do Sol como rei ou corpo celeste central. Não se trata certamente de uma expressão de tendência para o heliocentrismo, antes pelo contrário, pois o autor trabalha frequentemente com períodos sinódicos da órbita dos corpos celestes. Ele parece ver o mundo a partir da Terra central, esperando que os corpos celestes correspondentes retornem em fases sucessivas com o mesmo nome. Isto mostra claramente o geocentrismo do autor do manuscrito. Mas, ao mesmo tempo, não se abstém de o fazer e atribui ao Sol o lugar central na família dos corpos celestes, com base no tamanho e no brilho do Sol. O autor atribui um carácter especial ao Sol como o corpo celeste mais importante, que, no seu entender, gira em torno da Terra. Lendo as páginas do manuscrito sob a forma de uma fotocópia obtida a partir do microfilme, podemos facilmente reconhecer os restos de um texto provavelmente mais antigo sob o texto que estamos a ler. Esta questão requer uma investigação pormenorizada. Neste ponto, no entanto, deve dizer-se que, na nossa opinião, o texto legível do manuscrito pode pertencer tanto a Mtsodne como à mão do escriba. Este último não poderia ter qualquer relação com o autor do manuscrito. Isto significa que o texto que chegou até nós é o resultado de uma tradição histórica, a substância passou pela compactação do tempo.

O capítulo 3 do Livro das Estrelas é dedicado às previsões astronómicas, à quiromancia e a outras profecias. Mtsodne menciona três termos: Astrólogos, filósofos e Munajibs. "Na língua dos Munajibs, a quiromancia e as previsões são chamadas quiromancia". Em princípio, pode supor-se que os Munajibs são astrólogos, segundo o entendimento do autor, e os astrólogos - certamente - astrónomos. Se for este o caso, com o que é que os filósofos se ocupavam, segundo o entendimento de Mtsodne? Aparentemente, com ambos, ou seja, com a astronomia e a astrologia e, em geral, com qualquer outra descrição do mundo. É claro que isto é apenas uma suposição, embora Mtsodne mencione o profeta David e Aristóteles no texto do capítulo 3.

No capítulo 4, Mtsodne continua a copiar profecias sobre o destino das pessoas com base na sua aparência externa. Em particular, escreve: "A previsão do destino com base na cabeça, na testa e no cabelo chama-se metoscopia na língua dos Munajibs". No texto deste capítulo, Mtsodne menciona Aristóteles e Ottavio beltrano. Este último aparecerá mais uma vez no nosso campo de visão. O capítulo 5 é basicamente o mesmo em termos de conteúdo. Nele, o autor descreve o carácter de uma pessoa com base nos seus traços faciais. Esta descrição é bastante pormenorizada. Mtsodne chama ao filósofo Volgarmo. O capítulo 6 continua a descrição dos destinos e do carácter humano com base na forma e nas caraterísticas do corpo. No capítulo 7, Mtsodne passa à previsão do tempo: "Se o inverno for chuvoso e com neve, a primavera e o verão serão certamente quentes. Se chove e o vento sopra fraco, é sinal de bom tempo. Se os rios, as águas, os lagos ou as fontes ficarem calmos e não se mexerem, é sinal de calor no dia seguinte e de chuva forte no dia seguinte". O autor descreve em seguida a relação entre o comportamento dos animais e as previsões meteorológicas. Em particular, Mtsodne fala de pássaros, cães, peixes, incluindo o peixe Delphino, etc. E continua: "Se o relâmpago aparecer a leste ao fim da tarde, o tempo será bom no dia seguinte. Se o relâmpago aparece no norte, é sinal de chuva. Se o relâmpago aparecer no norte à noite, significa vento frio. Se a estrela desconhecida aparecer, é sinal de tempestade de neve. Se esta estrela desconhecida estiver perto da lua e o luar for verde ou preto, é sinal de tempestade de neve... Se o arco-íris aparecer durante a chuva ou entre as nuvens, é sinal de bom tempo. Se aparecer vermelho ou amarelo, é sinal de vento. Se aparecer de manhã, o vento está previsto para a noite. Se aparecer antes do meio-dia, indica chuva". "Agora vamos saber de que substâncias é feito o arco-íris. Quando o nevoeiro sobe para as nuvens, a água que está no nevoeiro torna-se densa. Quando a luz do sol cai, fica embelezada com cores diferentes, e quando o arco-íris aparece, é um bom sinal." Em seguida, são descritos os fenómenos da chuva e da neve, incluindo os processos de evaporação e condensação, evidentemente tal como o autor os entende. A descrição do arco-íris é interessante, e o esforço do autor para correlacionar vários fenómenos com a mudança ou expetativa de mudança no tempo é bastante significativo. Se a correlação da ocorrência de relâmpagos a leste ou a norte com a ocorrência de ventos é a substância duvidosa, então o próprio facto de tentar prever o tempo com base em valores empíricos atesta a visão física e real do autor. Só há uma questão que fica por responder: de onde vêm os dados? Será a experiência pessoal das observações de Mtsodne? É o resultado do trabalho com fontes, ou todas as anteriores? É evidente que a questão não é simples e exige uma investigação separada com recurso a material histórico sobre o clima da Geórgia, especialmente sobre o clima de toda a região do Cáucaso. Os resultados obtidos devem ser definitivamente comparados com os análogos do Médio Oriente e da Europa Ocidental. O aparecimento de uma estrela desconhecida e o estabelecimento de outros factos não acontecem por acaso. Por conseguinte, os especialistas da história do clima enfrentam uma nova tarefa, que não é fácil. O autor descreve outros fenómenos naturais: granizo, relâmpagos, etc. Mtsodne descreve o mecanismo dos terramotos de uma forma especial. Neste capítulo, são mencionados os nomes de Aristóteles e de um certo filósofo, Alberto.

Passemos agora ao capítulo 8 do Livro das Estrelas manuscrito. Aqui o autor escreve: "Antes de mais, devemos saber que Deus criou o sol e a lua. E criou-os de forma a que a lua receba a luz do sol. A lua em si é fina e pura. Quando recebe a luz do sol, faz as pessoas felizes. Se um espelho não tiver prata na parte de trás, não mostra o rosto, e se a lua não receber a luz do sol, não nos faz felizes. Também devemos saber o que são os pontos negros na lua. Muitos filósofos e Munajibs dizem, especialmente Alexandre, que Galileu Galilei construiu um tubo ótico em 10 adli. Olhou através dele e apercebeu-se de que os pontos negros na Lua são montanhas, nascentes e rios. E nós concordamos com ele que o corpo da lua é redondo e que a luz do sol não incide sobre os ângulos e que esses lugares podem ser vistos como manchas.

Gostaríamos de chamar a atenção para dois aspectos: 1) Segundo Chikobava (1990), "adli" é um termo antigo, uma unidade de medida de comprimento. 1 adli corresponde aproximadamente a 1 metro. 2) O simples facto de Galileu e o seu instrumento ótico serem mencionados pode ser uma chave adicional para a datação do original do manuscrito. É provável que o original não possa ser datado antes de 1610. No entanto, devem ser levantadas dúvidas quanto ao comprimento do instrumento de Galileu. No entanto, o facto de Mtsodne mencionar Galileu e as suas observações sobre a Lua atesta que o autor sabia que eram utilizados instrumentos astronómicos na Europa Ocidental do século XVII. Mtsodne tenta novamente relacionar as condições de visibilidade lunar com fenómenos climáticos. Para o fazer, baseia-se em dados empíricos, na cor da lua, no aparecimento de halos coloridos, etc. E continua: "E devemos saber que a lua é constituída por um total de 28 dias. Um dia no início e um dia no fim não são tidos em conta. A primeira parte é como a primavera - quente e húmida. A segunda parte é como o verão - quente e seco. A terceira parte é semelhante ao outono - frio e seco. A quarta parte é como o inverno - frio e húmido. Como podemos ver, Mtsodne descreve as fases da lua e, neste caso, não se abstém de fazer analogias climáticas. Ao ler as linhas citadas, podemos supor que o seu autor tinha um certo modo de pensar cronológico e tentava relacionar o que se via no céu, direta ou indiretamente, com o carácter geral do clima ou com os caprichos do tempo atual. Este facto acrescenta novos traços ao retrato do autor do manuscrito - o homem amante da natureza, uma espécie de comerciante da natureza. Em geral, a capacidade de comparar diferentes fenómenos e de passar de uma escala temporal para outra indica uma perspetiva ampla por parte do autor. Assim, linha a linha, recolhemos argumentos a favor e contra, analisando o conhecimento dos nossos antepassados e dando-lhe uma nova amplitude e interpretação.9 O capítulo 9 prediz novamente o destino de um homem e de um Estado, este último em relação à lua. O autor apoia-se nomeadamente nos fenómenos de união e ocultação dos planetas pela lua. O trigésimo dia aparece nas suas reflexões: "No trigésimo dia, Mtovare separar-se-á de Otarides". Como vemos, o autor do manuscrito baseia-se de facto no mês sinódico.10 O capítulo 10 começa com as seguintes linhas: "Foi provado por todos os filósofos e munajibs que o arco do sétimo céu do zodíaco, que se chama etchviani (aparente), está dividido em 28 kerdzi. Cada kerdzi é composto por 12 martabas e 51 partes". Os filósofos fizeram esta divisão para as estrelas. Certas estrelas do oitavo céu são responsáveis pelos destinos dos nascidos. Esta responsabilidade está ligada às posições da lua. Cada posição tem o seu próprio planeta. [thrd]Antigamente, os filósofos davam um nome a cada posição: "A primeira posição da lua chama-se Alnat, como o corno de Carneiro, está situada na 27 martaba e na 53 parte. A sua estrutura é média e o seu planeta é Zohara". [thth]"O segundo estado chama-se Altain, como a barriga e a cauda gorda de um bezerro e de um carneiro, na 10ª martaba e na 45ª parte. A estrutura é seca, o planeta é Otarid". Omitindo as descrições seguintes, gostaríamos de chamar a vossa atenção para os nomes Alnat e Altain. De acordo com Room (1988), El Nath (a estrela Beta Tauri) é o nome árabe Al Natih, e El tannin (a estrela Gamma Drakonis) é a estrela mais brilhante da constelação Draco, nome árabe Al Ras al Tinnin. Kunitzsch (1985) resume num só contexto 28 posições lunares e as tradições da formação dos nomes árabes das estrelas correspondentes. É, portanto, óbvio que Mtsodne também utilizou as fontes árabes. Este facto permite a suposição cautelosa de que o autor pode ter conhecido a língua árabe.

[rdth]Diz-se no manuscrito: "O terceiro estado chama-se Atrai, como se fosse um criminoso, Áries na 23ª martaba e na 15ª parte. A sua estrutura é húmida e o seu planeta é a lua... A quarta propriedade chama-se Aldebaran, se quiserem Aldelamen. [th]Como se um olho e uma cabeça de carneiro fossem gémeos, na 6ª martaba e na 29ª parte. A estrutura é fria e o planeta é Zohal". Zimmer (1988) menciona sobre o nome Er Rai (a estrela Gamma Cephei), o nome árabe da estrela Al Pau. Apesar de algumas diferenças entre os nomes, assumimos que Mtsodne se refere à estrela Al Pau. Kunitzsch (1985) afirma que o nome árabe da estrela é alfa Tauri Al-dabaran. Citemos agora os nomes das outras posições lunares mencionadas por Mtsodne: "Alkataia, Alkaia, Alarnak, Anatrakia, Alkarfkh, Adjelioke, Adzobra, Adzarfa, Alkaire, Adzimek, Algrabka, Akubene, Alkil, Altok, Achkala, Abenakia, Albelgadjk, Sagachkachka, Sabadola, Sadakad, Sadalakia, Alfadj, Alkaradjia e Albotam". A origem e o grau de transformação destes nomes devem ser analisados separadamente, tendo em conta os factores de transmissão regular de conhecimentos astronómicos nas regiões da Europa Ocidental e Oriental e do Médio Oriente na Idade Média. Além disso, uma análise adicional revelou que, entre as designações árabes das estrelas e os seus nomes, existem semelhanças ou analogias com os nomes e designações mencionados no livro das estrelas, por exemplo: Al Butayn - Al Botam; Acubens - Akubene; Er Rai ou Ar Rai - Atrai; Sa'd al - Akhbiyah - Sadalakia; Alzubra - Adzobra.

Mtsodne introduz outro termo no texto manuscrito - "martaba". A partir do significado deste termo, torna-se claro que "martaba" é a unidade de gradação, subdivisão e hierarquia. Por outras palavras, 1 martaba é, na nossa opinião, 1 grau. Citemos Chittick (1989): "Aali martaba significa "estatuto elevado". A palavra martaba ou "grau" deriva da raiz r.t.b., cujo significado básico é ser constante, firme e inamovível. Uma martaba ou rutba (da mesma raiz) é um lugar onde algo é fixo, ou seja, um "grau", nível, posto, estação, nível, etc., que é geralmente traduzido como "hierarquia", como em tartib al-'alam, a "hierarquia do cosmos". Vemos que se trata de uma outra expressão das raízes árabes dos conceitos astronómicos de Mtsodne.

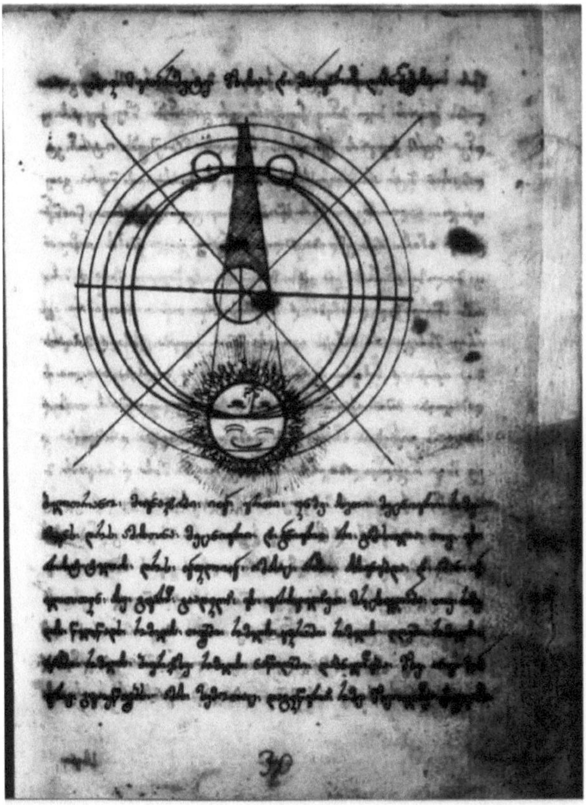

Fig.3 Eclipses solares.

O capítulo 11 é inteiramente dedicado às previsões astrológicas e não será tratado aqui. O capítulo 12 intitula-se "Sobre os eclipses solares e lunares". O capítulo começa com a imagem que apresentamos aqui (Fig. 3). O objetivo desta imagem esquemática é óbvio. O autor está a tentar descrever esquematicamente as circunstâncias dos eclipses. Mtsodne escreve: "Munajib beltrano era um cientista tão sábio e sensato que não existia no nosso século. Se tivesse vivido no tempo de Aristóteles, ninguém se teria lembrado dele. E simplificou a interpretação dos astros de tal forma que se determinava em que mês, em que semana, em que dia, a que hora e em que constelação e em que parte ocorrem os eclipses solares ou lunares. Já foi escrito acima que o Sol é maior do que a Terra. O tamanho do Sol pode, portanto, ser conhecido - a Terra é redonda e, se o Sol iluminasse a Terra, não a iluminaria completamente. O Sol é maior do que a Terra, mas pode projetar uma sombra sob a Terra, a sombra não pode atingir o planeta Otarid. Este ponto da sombra é inseparável do nadir. Uma faísca vem do centro do Sol e chama-se o nadir. Quando a lua está acima ou no fim do ophiuchus, abaixo do nadir, a terra está diretamente entre o sol e a lua. A lua não tem luz própria e não recebe luz do sol se a terra estiver entre o sol e a lua. Nesse caso, a lua já não consegue ver a terra e escurece. Este eclipse ocorre quando o Sol e a Lua estão acima da Terra e no fim do arco sob o nadir. Sem este eclipse, ele não teria lugar. No entanto, o eclipse lunar também pode ocorrer de outra forma, nomeadamente quando a Terra se encontra entre o Sol e a Lua, de modo que a Lua se encontra no limite dos "eclipses", ou seja, quando a Terra aparece entre o Sol e a Lua e escurece subitamente durante um curto período de tempo quando estes se separam. Para este efeito, os astrónomos dividiram a "eclítica" ou um dedo em 12 partes. Na medida em que a lua entra na borda ou no dedo da eclítica, na mesma medida escurecerá, e escurecerá um pouco ou completamente quando a lua estiver cheia, e não sem isso, tal como estas faces são pintadas (Fig. 4-5).

Ao descrever as circunstâncias dos eclipses lunares, Mtsodne baseia-se, de facto, em considerações geocêntricas. Na nossa opinião, o seu relato é algo contraditório, embora os elementos básicos sejam reconhecíveis. O autor do manuscrito compreende as circunstâncias dos eclipses, mas a profundidade da sua compreensão exige uma investigação mais aprofundada. Uma das dificuldades encontradas na tradução e interpretação do texto do Livro das Estrelas deve-se ao facto de Mtsodne utilizar sinais de pontuação não normalizados, o que, de certa forma, dificulta a compreensão do significado real da narrativa. Por outro lado, o princípio razoável de manter a tradução tão próxima do texto quanto possível torna a tarefa consideravelmente mais difícil. O termo transformado "ecletismo" chama a atenção. É evidente que se trata de eclécticos. O termo pode ter sido transformado devido à sua longa utilização no discurso oral. Isto mostra a possibilidade do desenvolvimento da ciência astronómica na Geórgia no período entre os séculos XVI e XVIII. O autor continua: "O eclipse solar tem lugar quando a Lua está acima ou no fim de Ophiuchus, ou está perto dela quando entra em Ophiuchus. Se não houver conjunção durante esta entrada, o eclipse não terá lugar, porque quando a Lua está entre a Terra e o Sol, ela cobre o Sol e eclipsa a Terra. O sol é maior do que a lua, mas na medida em que o sol se esconde atrás da lua, a lua eclipsará o sol. Mas o sol não será completamente eclipsado, e o eclipse do sol pela lua não enfraquecerá a luz do sol, mas se a lua o eclipsar, então a luz do sol deixará de incidir sobre a terra, e isso é uma perda para nós, porque ele não brilha.

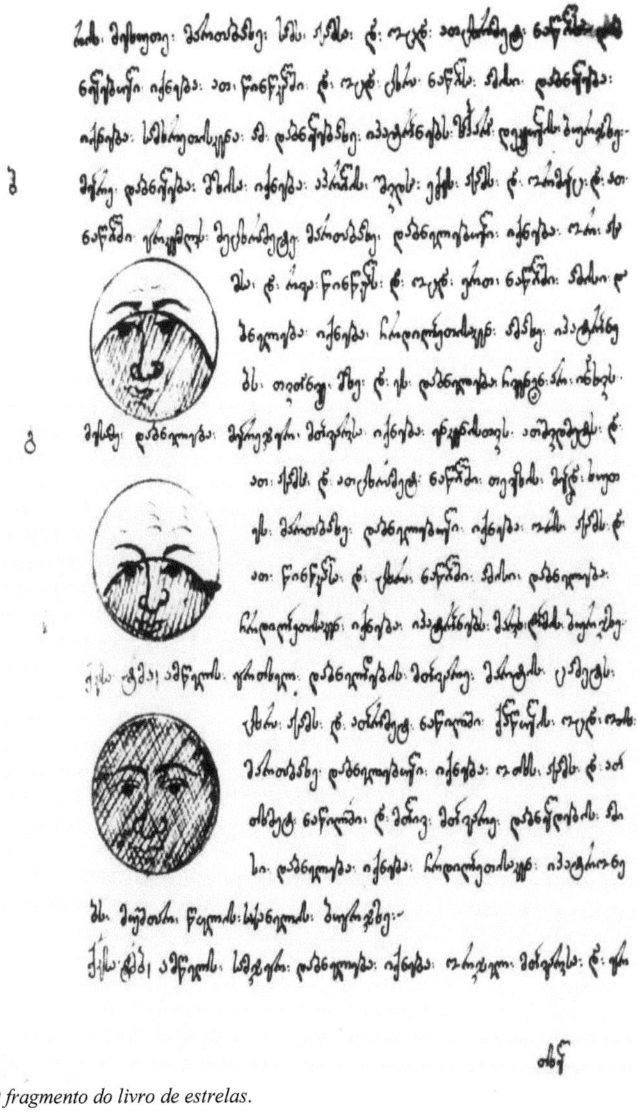

Fig.4 O fragmento do livro de estrelas.

Fig.5 Página do manuscrito.

E devemos saber isto: quando a lua está em eclipse, a terra fica escura, mas quando o sol está em eclipse, a terra não fica escura em todo o lado". Mtsodne descreve de forma simplificada ou, se quisermos, elementar, as circunstâncias de fenómenos geralmente nada simples - os eclipses solares e lunares. Esta simplicidade enfatizada pode ter as suas origens no início da Idade Média e serviu como garantia para qualquer leitor entender e compreender os fenómenos, mesmo para leitores inexperientes. Ele, Mtsodne, não se limita a transmitir os conhecimentos, mas tenta interpretá-los e explicá-los de uma forma simplificada e primitiva. No entanto, não há garantias de que o próprio Mtsodne compreenda os fenómenos mencionados com exatidão matemática, mas é indubitável que compreende a natureza dos eclipses. Por outro lado, as notas à margem do manuscrito são notáveis, por exemplo na página 31: "Foi assim que foi escrito". Será que a cópia original do manuscrito continha de facto uma tal observação? Não será esta observação uma nota posterior do próprio escriba? Seja qual for a solução para estas questões, é evidente que ou o autor do manuscrito ou o escriba do período posterior não compreenderam corretamente alguma coisa ou duvidaram de alguma coisa. É uma prova adicional da inconsistência do processo de tradução do conhecimento antigo quando se percebe a dificuldade das causas quando se estudam experiências, pontos de vista ou factos antigos. O autor do manuscrito ou o escriba parece justificar-se ao aperceber-se da complexidade da situação. O autor continua: "Como está escrito acima, quando a lua eclipsa completamente o sol, alguns lugares permanecerão brilhantes. O mundo escurecerá completamente. Várias estrelas e constelações reunir-se-ão". Quando lemos estas linhas, não podemos deixar de pensar que o autor desconhecido pode ter testemunhado ele próprio os eclipses solares. Poderia ter visto a sequência das fases do eclipse, poderia ter observado como as estrelas brilhantes aparecem por um curto período de tempo no momento da fase cheia. Os seus conhecimentos teóricos, que ele extraiu de várias fontes, poderiam ter sido enriquecidos pela experiência das suas próprias observações. E, no entanto, há algo na narrativa de Mtsodne, e esse algo indica que o autor desconhecido, que compreendia perfeitamente a natureza geral do fenómeno do eclipse, não conseguiu compreender todos os detalhes desses processos até ao fim. Além disso, o facto de um capítulo separado ser dedicado aos eclipses no livro de estrelas manuscrito significa que o autor atribuía uma importância especial a estes fenómenos astronómicos raros.

No capítulo 13 do manuscrito, Mtsodne descreve em pormenor as datas dos eclipses solares e lunares, indicando a hora exacta e a posição dos planetas em questão nas constelações. O autor do manuscrito utiliza o sistema calendário-cronológico tradicionalmente utilizado na antiga Geórgia. Este sistema baseava-se num ciclo de 532 anos. Mtsodne escreve: "No ano do khronikon TM haverá 3 eclipses, um solar e dois lunares. O primeiro eclipse lunar terá lugar a 24 de março". O khronikon TM, tendo em conta os números sob a forma de letras utilizados na antiga Geórgia, pode ser 340. Considerando que o primeiro ciclo georgiano começou em 780, 780+532=1312, 1312+340=1652. No final do capítulo, Mtsodne menciona: "No ano do Chronikon TNG haverá 4 eclipses". Isto significa que 1312+353=1665. Neste capítulo não são apresentados cálculos nem pré-cálculos exactos. Também dá os dados correspondentes - ano, mês, data, horas, minutos e alguns dados complementares, incluindo a posição de vários corpos celestes nas constelações correspondentes. Considerando que Mtsodne fala de eclipses, podemos supor que o Livro das Estrelas foi escrito entre 1643 e 1651. Não temos dúvidas de que não estamos a trabalhar com o original, mas sim com a cópia, que foi escrita pelo menos uma vez no século XVII ou XVIII. O século foi escrito. É também interessante o facto de o autor desconhecido mencionar nomes de meses em latim e em georgiano. Os últimos são: Tibatve - junho,
Mkatatve - julho, Gvinobistve - outubro (Chubinashvili, 1961). Ainda não é claro porque é que Mtsodne alternava entre nomes de meses latinos e georgianos. No capítulo 13, os eclipses solares e lunares também nos dizem algo sobre a possível data do manuscrito.

Depois de uma breve descrição dos aspectos calendários do capítulo 13, gostaríamos de chamar a atenção para o lado importante do problema do desenvolvimento da astronomia na Geórgia antiga. O facto é que existe uma grande quantidade de artefactos, materiais, instrumentos e vários factos que estão direta ou indiretamente ligados à astronomia da Geórgia antiga. Ruínas de observatórios, fragmentos de instrumentos e, claro, numerosos manuscritos astronómicos são provas factuais do desenvolvimento da astronomia na Geórgia antiga e medieval e também no período dos séculos XVI a XVIII. No entanto, não foi estabelecida uma visão geral, nem uma linha principal unificada, nem uma sequência exacta do desenvolvimento do pensamento astronómico na Geórgia nos períodos acima mencionados. Parece-me que o desenvolvimento das ciências, incluindo a astronomia, na Geórgia foi desorganizado e interrompido em alguns períodos devido ao complexo desenvolvimento histórico causado por numerosas conquistas. Ao mesmo tempo, a Igreja georgiana era uma importante instituição de esclarecimento e guardiã do património cultural, da literatura e da arte. Os georgianos abraçaram o cristianismo no século XIX, e numerosas igrejas e mosteiros construídos em diferentes regiões da Geórgia constituíram a base da ortodoxia e da educação. Na nossa opinião, a ciência astronómica georgiana poderia desenvolver-se gradualmente e de forma constante. O desenvolvimento das orientações calendário-cronológicas da astronomia poderia ser favorecido, tendo em conta a sua necessidade prática para resolver tarefas eclesiásticas, agrícolas, quotidianas e outras. No entanto, não se deve excluir a possibilidade de desenvolver outros domínios da astronomia. Em particular, os modelos cosmológicos e os seus aspectos filosóficos e teológicos poderiam ser analisados em profundidade. Assim, um mosteiro podia ser um centro de conhecimentos astronómicos, onde se guardavam vários dados de natureza calendárico-cronológica e outros. O papel do clero consistia em compilar e calcular calendários e em escrever e traduzir tratados astronómicos. Era certamente possível desenvolver ideias cosmológicas originais, bem como compilar dados muito mais antigos ou criticar outras fontes.

Os trabalhos deste tipo são, muito provavelmente, de carácter teórico e baseiam-se em conhecimentos básicos de matemática e astronomia. Não se deve excluir a possibilidade de os clérigos efectuarem observações astronómicas. Os padres, que dispunham de conhecimentos teóricos e serviam em mosteiros remotos de montanha, podiam efetuar pessoalmente observações regulares da Lua, dos planetas, das estrelas e, certamente, do Sol, a fim de determinar dados e regularidades relevantes. O clero podia ler o que era visto, analisado e calculado nos livros e materiais relevantes. Os pergaminhos, guardiães do saber antigo, transmitiram-nos não só as datas do nascer e do pôr dos corpos celestes, os modelos cosmológicos e filosóficos, mas também ideias, recomendações e pontos de vista universais. Assim, os mosteiros deram um contributo significativo para o desenvolvimento da ciência astronómica na Geórgia. Tendo em conta a frequente fragmentação do Estado georgiano (com posterior unificação), não parecia haver uniformidade ou centralização, cada igreja da cidade ou aldeia, cada mosteiro, vivendo tranquilamente nas encostas das montanhas eternas, podia seguir o seu próprio caminho, desenvolver ideias astronómicas, recolher novos dados e estar pronto a transmitir a sua experiência às gerações futuras. A parte cosmológica também fazia parte das crenças religiosas dos sacerdotes georgianos. Cada um deles podia escrever ou traduzir obras astronómicas a um certo nível para nós, ou seja, para as gerações futuras. Mas os padres não podiam deixar os seus nomes e assinaturas. Este facto pode ser claramente explicado e está na base da visão cristã do mundo. É precisamente hoje que nos damos conta de que existem centenas de manuscritos astronómicos georgianos, tanto no original como em traduções, aos quais acrescentamos os nomes dos autores (escribas) ou mesmo as suas iniciais. Podemos, portanto, falar de astronomia monástica georgiana. Se a nossa suposição estiver correta, então o estudo da história da astronomia monástica na Geórgia tornar-se-á certamente uma tarefa prioritária e abrangente. Um dos contra-argumentos que pode testemunhar o contrário é a existência de alguns manuscritos astrológicos georgianos de carácter misto que combinam astronomia e astrologia. A relação da Igreja com a astronomia é bem conhecida, e é claro que isso é motivo de reflexão. Ao mesmo tempo, é perfeitamente admissível e justificado negar a negação, submeter a dúvida à dúvida. Fragmentos de manuscritos astrológicos poderiam ter sido completados por escribas posteriores, e grandes obras astrológicas poderiam ter sido criadas fora da Igreja.

Um argumento importante a favor da nossa hipótese pode ser encontrado na obra seminal de Neugebauer (1975). Na página 711, na segunda parte da sua obra, ele escreve: "A menologia das igrejas orientais maronita e georgiana... "O aparecimento da menologia teria sido impossível sem um sistema calendário-cronológico fiável. Isto também testemunha o facto de a menologia da Igreja georgiana ser conhecida muito para além das fronteiras da Geórgia. O capítulo VI da obra de McCluskey (1998) aborda as tradições da contagem do tempo nos mosteiros. O autor aborda também os mosteiros europeus do início da Idade Média, citando várias datas dos séculos VII a IX, ou seja, do período anterior à divisão da Igreja em católica e ortodoxa. McCluskey escreve: "Nas comunidades monásticas, o conhecimento secular, incluindo a ciência celeste, servia principalmente as diversas necessidades religiosas destas comunidades, que desenvolveram um conjunto de práticas para medir o tempo através da observação do sol durante o dia e das estrelas à noite para regular os tempos de oração. Esta medição do tempo, tal como o calendário e o computus, é uma forma aplicada e não pura de astronomia. Algum conhecimento da duração variável do dia e da noite, da aparência variável das estrelas com as estações do ano e da lua com o mês era essencial para planear e regular o horário das orações diárias. A mais antiga prescrição para regular o tempo de oração através da observação das estrelas encontra-se na discussão de João Cassiano sobre as orações nocturnas, que se baseava em grande parte nas práticas que tinha observado nos mosteiros do Baixo Egito: a imagem do sol contém uma figura barbuda coroada por doze raios solares, representando os meses ou os signos do zodíaco e reflectindo o papel do sol como regente do ano. A figura da lua é feminina e é coroada por uma lua crescente. A observação das estrelas parece ter sido o meio mais importante de medir o tempo durante a noite na maioria dos mosteiros do século IX".

A partir do material citado, é evidente que o autor se inclina para uma ampla disseminação da astronomia monástica em várias igrejas do início da Idade Média. Coloca-se, com razão, a questão de saber se a Igreja georgiana foi capaz de se distanciar deste fenómeno cultural e prático tradicional. A resposta é simples: como parte orgânica da Igreja Cristã universal, a Igreja georgiana aplicou (ou adaptou) métodos astronómicos de medição do tempo e desenvolveu assim os aspectos práticos da astronomia como um campo da ciência monástica. Muitos elementos da ortodoxia georgiana, incluindo a arquitetura orientada para os lados do horizonte, a existência de imagens do sol e da lua nas igrejas, são testemunhos do desenvolvimento da astronomia nos antigos mosteiros da Geórgia. A argumentação segue o princípio "o que deve ser respondido é encontrado, a hipótese é proposta e requer prova. Qual foi então o autor desconhecido do Livro das Estrelas: astrónomo, filósofo ou clérigo? Para tentar responder a esta pergunta, remetemos para o capítulo 14 do manuscrito. Este capítulo intitula-se "Compreender o Zodíaco, que é uma fita queimada". Mtsodne escreve: "O zodíaco é composto por 12 burji. Cada burji está dividido em 30 martaba. O teu jumali tem 360 martaba. Se medirmos com um astrolábio ou outro instrumento dos munajibs, uma martaba corresponde aos nossos 60 agaji. Assim, mede-se um arco do zodíaco, ou seja, quantos agaji existem. E cada etli e burji é independente no seu movimento ao longo deste zodíaco. O etli de Zohal completará o seu movimento ao longo do arco do zodíaco dentro de 30 anos. O etli de Mushtar terminará em 12 anos. Marrikh terminará em dois anos. Mze terminará num ano. Zohara terminará num ano. Otarid terminará num ano. Mtvare terminará dentro de vinte e sete dias e oito horas". As ideias geocêntricas de Mtsodne reaparecem no extrato citado. Para ele, 12 Burji são 12 constelações ou, se quisermos, algo mais, a esfera mais alta da abóbada celeste, no fundo da qual se movem os corpos celestes.

Com base nas correlações citadas pelo autor, 12 burji e cada burji é 30 martaba, e o seu gerado (jumali) é 360 martaba, pode-se concluir que a conversa é sobre 360 graus. Além disso, há mais. O autor revela-nos as suas próprias ideias sobre a expressão em graus da medida linear agaji, que desenvolveu anteriormente. Mtsodne sublinha que 1 martaba - 60 agaji, ou seja, 1 grau - 60 minutos, consequentemente 1 agaji - 1 minuto, e em medida angular todo o círculo do zodíaco pode ser expresso como 21 600 agaji.

O autor menciona também o astrolábio e um outro instrumento utilizado pelos astrónomos. A referência pode ser, evidentemente, a um instrumento de medição de ângulos. É muito difícil identificar ou, mais simplesmente, reconhecer qual o instrumento a que o autor se refere. Não há dúvida de que a datação do manuscrito seria mais fácil se pudéssemos resolver esta questão. O quadrante, o sextante e outros instrumentos foram utilizados em épocas correspondentes. Uma coisa é certa: Mtsodne ou visitou o observatório astronómico ou leu muito sobre estes instrumentos científicos.

Mtsodne começa então a nomear os períodos dos planetas, que, segundo ele, orbitam ao longo do arco do zodíaco. O período sideral tem o nome de Saturno, e o autor apresenta o zodíaco não apenas como uma faixa na esfera celeste, mas como o globo mais afastado da Terra. Isto dá a impressão de que Mtsodne traduziu, escreveu ou copiou porque estava "cativado" pela astronomia antiga. De acordo com a sua conceção, Zohal (Saturno) deslocar-se-á à volta do zodíaco em 30 anos. Este valor aproxima-se bastante do valor real do período sideral de Saturno, que é de 29,45 anos. Só a diferença de cerca de 0,5 anos pode dizer-nos muito. Indo "mais fundo" para a Terra, para o "centro", Mtsodne refere-se naturalmente a Júpiter. Ele escreve que Mushtar (Júpiter) terminará o seu movimento ao longo do zodíaco em 12 anos, sendo o valor exato do período sideral de Júpiter 11,86 anos.

Marte vem a seguir, a fonte de inspiração e de medo para muitas gerações antigas. Mtsodne prova que Marrikh (Marte) estará pronto dentro de 2 anos. O valor exato é de 1,88 anos. A este segue-se certamente o Sol. O autor menciona que Mze (o Sol) terminará em 1 ano, a bela Vénus vem a seguir, o autor do manuscrito condenou-a a fazer uma revolução completa ao longo da faixa queimada durante todo o ano, contra o valor exato de 0,62 anos. O impercetível Mercúrio (Otaride), na opinião de Mtsodne, percorrerá toda a distância do zodíaco num ano, enquanto o período sideral deste planeta é de apenas 0,24 anos. O erro para estes dois últimos corpos celestes é impressionante. E agora a Lua, a mesma Mtovare, companheira prateada da Terra, segundo Mtsodne, atravessará o zodíaco em 27 dias e 8 horas. Aqui, o diligente autor do manuscrito tem quase razão. O valor exato do período sideral da Lua é de 27 dias e noites, 7 horas e 48 minutos. E ao colocar a Terra no centro do mundo, Mtsodne vê o movimento dos corpos celestes no fundo das constelações (faixa queimada), a esfera mais distante do mundo. Ele olha para o mundo como se fosse de baixo para cima e, ao fazê-lo, representa e descreve espacialmente o movimento dos planetas. Isto significa que Mtsodne estava familiarizado com a cosmogonia antiga. Ao mesmo tempo, Mtsodne apenas descreve os períodos siderais e tenta reproduzir os movimentos espaciais dos corpos celestes.

Vejamos agora o extrato do ponto de vista terminológico. O próprio nome do capítulo 14 "Zodíaco - Fita queimada" é de grande interesse. O próprio nome indica que o autor compreendeu corretamente o conceito de zodíaco. Mtsodne combinou o zodíaco com uma fita queimada, o que indica claramente o papel do sol. Há aqui algum simbolismo cosmológico quando o autor nos diz: "Por onde este corpo celeste ardente passou, uma faixa queimada foi deixada para trás e uma noite escura e profunda". É evidente que Mtsodne compreende o movimento do sol na eclítica, mas vê-o no seu conjunto e no passado como um facto consumado, mas onde esta bola dourada passou, a noite misteriosa ficou para trás. Certamente não podeis concordar com tal interpretação. Tanto mais que Mtsodne estava normalmente afastado do academismo e não imaginava exatamente o zodíaco como uma faixa da esfera celeste com uma latitude de 8°, no centro da qual a eclítica corre em linha reta. Terminologicamente, a definição da banda queimada pode muitas vezes ser georgiana, e também ela veio provavelmente do Oriente.

Na obra de Gingerich (1990) é apresentado um pequeno dicionário de termos astronómicos árabes. Entre várias palavras, encontra-se burj - traduzido como signo do zodíaco, jumlah - resumo, Zuhal - Saturno, Zuharah - Vénus, Al-Mushtary - Júpiter, Utarid - Mercúrio, Al-Mirikh - Marte. Um pequeno dicionário de termos astronómicos árabes e persas é citado na obra de Pingree (1985). Os termos incluem Zuhara - Vénus, Zuhal - Saturno, Marrikh - Marte, Mushtari - Júpiter, buruj - signo do zodíaco, burj - signo do zodíaco, Utarid - Mercúrio. Como se pode ver, Mtsodne utiliza largamente a terminologia astronómica oriental, árabe, persa e de outras fontes. O termo martaba (ordem, grau), que utilizo como grau, também parece ser de origem oriental. É de salientar o facto de Mtsodne utilizar nomes orientais para os corpos celestes. As únicas excepções são o sol e a lua - Mze e Mtvare, respetivamente. Mze e Mtvare são nomes puramente georgianos para estes corpos celestes. O Mtsodne nunca se desvia desta regra especial, que pressupõe a utilização de nomes de origem georgiana para o sol e a lua. O caso do Livro das Estrelas não é exceção. Em muitos manuscritos astronómicos georgianos repete-se este tipo de configuração, quando os planetas do sistema solar têm nomes orientais e o sol e a lua têm nomes georgianos. Na nossa opinião, esta tendência tem as suas origens nos primórdios da etnocosmologia. Os corpos celestes mais brilhantes, o Sol e a Lua, parecem ter desempenhado um papel tão importante na vida dos antigos georgianos na Idade do Bronze, na Antiguidade e no início da Idade Média, que os seus nomes georgianos foram preservados na literatura e na linguagem oral, embora a influência da terminologia astronómica tenha penetrado a partir do exterior. Embora se trate de uma hipótese, na nossa opinião é uma hipótese muito real. Também de grande interesse é o termo georgiano "krkali" (atualmente "rkali"), que pode ser traduzido como circunferência ou arco circunferencial no sentido de uma curva particular. O significado moderno desta palavra é certamente um fragmento da circunferência - um arco. Na antiguidade, este termo era entendido como a circunferência inteira. Assim, as palavras usadas por Mtsodne para a revolução de Saturno num período de 30 anos ao longo do arco do zodíaco podem ser traduzidas de outra forma: "etli Zohal completará o seu movimento ao longo da circunferência do zodíaco em 30 anos". Há aqui uma certa ambiguidade, que se aproxima de um entendimento incerto de um mesmo termo por parte dos autores antigos e dos linguistas contemporâneos.

O que é que se passa? É a perfeição da linguagem nas linhas de um texto não totalmente perfeito? Como é que o autor desconhecido entendia o movimento planetário - como uma passagem contínua ao longo do arco ou como uma rotação completa ao longo da circunferência? É evidente que não existe uma resposta direta a estas questões. Mas outra coisa é óbvia; em particular, que Mtsodne entendia a conclusão do movimento planetário, o estado da sua repetição. No dicionário de Sulkhan-Saba Orbeliani, o termo "etli" é mencionado como a palavra de livros estrangeiros que designava 12 constelações e 7 planetas. Neste manuscrito, Mtsodne usa o termo "etli" para se referir aos planetas, ou mais precisamente, aos 7 corpos celestes tradicionais. Assim, etli é também um termo que não é de origem georgiana, mas apenas uma forma modificada do termo, que era provavelmente também de origem oriental. Há também o antigo termo georgiano "tstomili" - errante, que se refere a um planeta como um corpo celeste. Mtsodne utiliza frequentemente a palavra "muajib". De acordo com Matvievskaya et al. (1983), a palavra "munajib" pode ser traduzida do árabe como "astrónomo". Na Idade Média, a astronomia e a astrologia andavam de mãos dadas, e os astrónomos e astrólogos formavam um único grupo de astrólogos - as pessoas que tinham conhecimentos sobre o céu e as estrelas. No contexto do presente manuscrito, o Mtsodne parece basear-se na astrologia como a única substância. No entanto, as fronteiras entre a descrição astronómica dos corpos celestes e dos fenómenos celestes e a descrição de prognósticos e previsões de natureza astrológica são traçadas com precisão. O termo "munajib" pode ser uma forma georgiana do termo oriental "munajim" - astrónomo, astrólogo. Por conseguinte, existe uma fusão evidente dos termos georgianos e dos seus derivados com uma predominância evidente do elemento oriental. Este facto não é surpreendente, pelo contrário, é bastante natural. No período compreendido entre os séculos XIII e XVII, a influência da cultura árabe e persa fez-se sentir claramente na região do Cáucaso.

Voltemos agora ao texto do manuscrito. Mtsodne escreve: "Cada Burji protege-se de forma independente. O primeiro a proteger será Erkemeli durante 3 anos. Dekeuli protegerá durante 3 anos. Tkubi protegerá durante 1 ano. Kiborchkhala protegerá durante 2 anos. Lomi beneficiará de proteção durante 2 anos. Kaltsuli beneficia de proteção por 2 anos. Sastzori beneficia de proteção por 3 anos. Moriali beneficia de proteção por um período de 2 anos. Mshvildosani beneficia de proteção por um período de 1 ano. Tkhis Rqa beneficia de proteção por um período de 1 ano. Tsklis Sakaneli beneficia de proteção por um período de 2 anos. Tevzi é objeto de uma medida de proteção por um período de 2 anos".

Mtsodne dá nomes de constelações puramente georgianos. O quadro 1 apresenta os nomes dos signos do zodíaco em georgiano na coluna 1 e os nomes correspondentes em inglês na coluna 2.

Tabela 1.

Constellations			
ერკემელი	Aries	დეკეული	Taurus
ტყუპი	Gemini	კიბორჩხალა	Cancer
ლომი	Leo	ქალწული	Virgo
სასწორი	Libra	მორიალი	Scorpius
მშვილდოსანი	Sagittarius	თხის რქა	Capricornus
წყლის საქანელი	Aquarius	თევზი	Pisces

É de referir que o autor cita os nomes georgianos antigos dos 12 signos do zodíaco. No georgiano moderno, os nomes de apenas seis constelações permaneceram inalterados, os restantes seis foram alterados. O manuscrito prossegue dizendo: "A soma destes anos formará 24 arcos celestes, com a sua estrutura, movimento e movimento destes arcos celestes, ou seja, o que é desenhado no círculo e à sua volta são conhecidos não só os próprios arcos celestes, mas também o que é criado a partir de quatro substâncias". Com base no contexto da citação seguinte, que estamos a aguardar, substituímos o termo "arco" por "redondeza", por nos parecer mais adequado e por estar de acordo com as ideias cosmológicas do autor desconhecido. Mtsodne continua: "O primeiro arredondamento da terra, depois da água, do ar, do fogo, Mtvare, Otarid, Zohar, Mze, Marrekhi, Mushtari, Zohal, o certo céu, o nono círculo ou o segundo móvel, o primeiro móvel". "Mtvare passa 13 martaba e 10 tsintskali num dia". É agora bastante óbvio que o autor desconhecido entende o termo "martaba" aqui como graus (medida angular). O termo "tsintskali" parece ser de origem georgiana e muito provavelmente refere-se ao minuto angular. Mais adiante, no capítulo 14, diz-se que "Mze, Zohara e Otarid farão o seu movimento exatamente ao mesmo tempo". Por movimento, Mtsodne refere-se provavelmente ao período orbital completo dos corpos celestes em torno da Terra, no âmbito dos seus conceitos geocêntricos. Mtsodne descreve em pormenor o movimento do Sol, da Lua e dos planetas ao longo da abóbada celeste e no espaço. Para cada corpo celeste, fornece o seu deslocamento angular de 24 horas ao longo do céu (em graus, minutos e segundos) e os tempos de revolução em anos. Para Marte, Júpiter e Saturno, estes tempos de rotação são, respetivamente, 2 anos, 11 anos e 312 dias, 29 anos e 163 dias. O autor do manuscrito descreve em pormenor a deslocação de 24 horas dos corpos celestes errantes - os planetas - no céu e tenta mostrar a complexidade e a regularidade deste movimento. Mtsodne salienta que não é fácil compreender a regularidade deste movimento. De um modo geral, a narrativa desta parte do capítulo 14 caracteriza-se por um elevado nível de pormenor e por algumas incoerências. No entanto, é evidente que, de um modo geral, o autor compreende corretamente as regularidades do movimento visível dos planetas dentro da visão geocêntrica do mundo. No final do capítulo 14, Mtsodne observa: "Agora devemos saber que estes 7 planetas começarão o seu movimento de oeste para leste e outros céus - mover-se-ão de leste para oeste". É evidente que o autor desconhecido se refere aos movimentos anuais (mensais) dos planetas (corpos celestes) ao longo das órbitas e à rotação diária do céu estrelado causada pela rotação da Terra sobre o seu eixo. Voltando aos períodos orbitais de Mercúrio e Vénus, que, na opinião de Mtsodne, perfazem um ano para cada um dos dois planetas, pode concluir-se que a proximidade destes corpos celestes em relação ao Sol, a sua observação no espaço de um ano perto do Sol e, certamente, também as ideias geocêntricas do autor desconhecido causaram a ocorrência de designações incorrectas para os períodos orbitais destes planetas. A análise do capítulo 14 não está, evidentemente, completa e requer mais aprofundamento e expansão. Em particular, teria sido interessante comparar os significados numéricos, os diferentes valores e as caraterísticas convencionais propostas pelo autor desconhecido com as correspondências nos manuscritos astronómicos árabes. Como podemos ver, o livro de estrelas manuscrito contém uma riqueza de termos, dados e informações de origem do Médio Oriente e da Europa Ocidental. Na Idade Média e na Antiguidade, a Geórgia manteve estreitas relações políticas, económicas e culturais com Estados vizinhos e distantes. Processos políticos emocionantes, o desenvolvimento de rotas comerciais, o intercâmbio cultural - esta é uma pequena lista de factores que podem ter levado à transmissão de conhecimentos astronómicos. O Livro das Estrelas parece não ser exceção na longa lista de manuscritos georgianos ainda não examinados, que estão enriquecidos com os mais diversos dados e ideias ideológicas de origem oriental e ocidental. Acreditamos que a transmissão dos conhecimentos astronómicos deve ter-se feito através de pontos-chave - as cidades antigas e medievais. Nos centros culturais dessas cidades: escolas científicas, igrejas, mesquitas, podia continuar o processo de acumulação de conhecimentos regulares, estudos, traduções de manuscritos estrangeiros, etc. O material acumulado, modernizado e traduzido entrava e saía da Geórgia por ambos os lados.

O capítulo 14 do manuscrito é ilustrado com várias imagens e símbolos gráficos. Comecemos por discutir os símbolos das constelações zodiacais. Utilizámos Evans (1988) como material de comparação. Na obra mencionada, os símbolos gráficos das constelações e dos corpos celestes estão divididos nas seguintes categorias: modernos; Handy Tables séc. XVI; Geminus séc. XV-XVI; Anonymous Astronomical Treatise séc. XV; Alfonsine tables before 1488. Ao compararmos os símbolos gráficos do Livro das Estrelas e da fonte mencionada, chegámos às seguintes conclusões:

Quadro 2

Star Book	Aries	Taurus	Gemini	Cancer	Leo	Virgo	Libra	Scorpiis	Sagittarius	Aquarius	Pisces
Evans	modern	modern	....	modern	...	modern	modern	.....	......	....	.....

É fácil adivinhar que a linha desenhada no Quadro 2 indica a incompatibilidade entre os símbolos do livro de estrelas e os símbolos de comparação. De um modo geral, a linha traçada significa uma total falta de correspondência entre os símbolos de comparação. No entanto, no caso da correspondência com os símbolos de comparação, existe também uma correspondência aproximada dos contornos gráficos, os elementos dos símbolos correspondentes. Por outras palavras, os símbolos do Livro das Estrelas são bastante originais, 6 deles não correspondem aos símbolos de comparação, e os restantes estão próximos da categoria "moderna". É claro que esta última circunstância pode ser discutida como um argumento adicional para datar o manuscrito. Mas o presente argumento só pode ser um elemento, uma parte do sistema de datação, porque metade dos símbolos são de carácter absolutamente original. A figura 6 mostra a página discutida do capítulo 14 do Livro das Estrelas. É curioso o facto de os símbolos estarem colocados nas margens. Vemos que alguns dos símbolos não correspondem às imagens tradicionais. Isto pode dever-se ao facto de o próprio Mtsodne ter expressado os símbolos das constelações (ou estrelas) relevantes com base nas suas próprias impressões. É também possível que o autor desconhecido tenha utilizado símbolos gráficos de constelações que eram comuns na Geórgia na Idade Média.

Fig.6 A primeira página do capítulo 14.

Para especificar a origem destas imagens, é necessário um estudo separado do material gráfico, incluindo manuscritos astronómicos georgianos e estrangeiros. Mtsodne também representou cuidadosamente os símbolos gráficos dos planetas. Vejamos os símbolos de Mtsodne e comparemo-los com os símbolos citados por Evans (1988). Mais uma vez, Evans sugere-nos a tabela, que contém em particular as indicações das seguintes categorias: Modernos; Geminus; Tratados astronómicos anónimos; Tabuletas alfonsinas antes de 1488, Tabuletas alfonsinas do século XIV. No Quadro 3 resumimos os resultados da nossa análise, e na coluna 1 são indicados os nomes dos corpos celestes, e na coluna 2 - a categoria mais adequada a partir do trabalho de Evans (1988). A linha indica a incompatibilidade entre os símbolos do Livro das Estrelas e os símbolos da obra de Evans.

Quadro 3

Star Book	Saturn	Jupiter	Mars	Sun	Venus	Mercury	Moon
Evans	Alfonsine	modern	modern	--------	Alfonsine	modern	----------
	tables XIVc				tables before 1488		

Como podemos ver, Mtsodne utiliza símbolos de três categorias: modernos, tabelas alfonsinas anteriores a 1488 e do século XIV, o que atesta que o autor desconhecido utilizou várias fontes ao compilar o Livro das Estrelas. A utilização de símbolos gráficos na categoria "moderna" indica o período em que o Livro das Estrelas foi escrito (ou copiado). Isto decorre da simples conclusão lógica de que Mtsodne, que viveu, por exemplo, no século XVII, poderia ter usado os símbolos mais antigos para além dos símbolos modernos para ele. Mas o contrário é obviamente impossível. Um outro aspeto é bastante interessante. Como já foi referido, Mtsodne utilizou os nomes árabes dos planetas no Livro das Estrelas. Apenas dois corpos celestes no texto do Livro das Estrelas têm nomes georgianos - o Sol e a Lua - Mze e Mtvare, respetivamente. É de notar que os símbolos gráficos destes corpos celestes não coincidem com os símbolos gráficos correspondentes na obra de Evans. Este facto pode ter uma dupla explicação: 1) Mtsodne pode ter tido uma tendência para a improvisação. Ao editar o texto manuscrito, parece ter expressado o sol e a lua com os seus próprios símbolos gráficos de forma inesperada e sem preparação; 2) Na Geórgia medieval, podem ter sido utilizados símbolos georgianos originais para os corpos celestes. Estes símbolos poderiam ter sido alargados (utilizados) em vários materiais manuscritos, tratados, etc. A segunda explicação parece-nos mais real ou, se quisermos, mais adequada. As observações de sete corpos celestes brilhantes, que tinham nomes georgianos na antiguidade, foram componentes importantes para a acumulação de conhecimentos cosmológicos dos astrónomos georgianos nas épocas correspondentes (Simonia, 2001a). Em geral, é provável que não seja exato caraterizar os observadores antigos apenas como astrónomos ou astrólogos. A sua atividade era composta por muitos elementos, científicos, prognósticos e religiosos. Estes observadores estudavam, faziam previsões e adoravam deuses brilhantes - corpos celestes do céu antigo. Os nomes que se seguem são de natureza puramente etnocosmológica e foram formados e cristalizados no seio do grupo étnico georgiano. O quadro 4 apresenta os nomes georgianos antigos dos corpos celestes. A coluna 1 mostra os nomes georgianos e a coluna 2 as suas traduções.

Quadro 4

Georgian names	Morige	Obi	Tarkhoni	Bzhachkha	Mtiebi	Jimagi	Tumachkha
Translations	Saturn	Jupiter	Mars	Sun	Venus	Merkuri	Moon

De acordo com Javakhishvili (1979), os antigos georgianos usavam exatamente estes nomes de sete corpos celestes há mais de dois mil anos. Os aspectos etnocosmológicos do desenvolvimento da visão do mundo astronómico da antiga Geórgia não são objeto deste estudo. Citamos aqui os dados acima mencionados para apoiar a nossa suposição de que na Geórgia medieval podem ter sido usados símbolos puramente georgianos juntamente com os símbolos gráficos estrangeiros dos corpos celestes.

É lógico supor que, onde os nomes próprios dos planetas e das estrelas foram inventados e utilizados, os seus símbolos gráficos e imagens também podem ter tido origem. Para provar ou rejeitar a hipótese proposta, será necessário examinar os artefactos com designações astronómicas - ruínas de antigos edifícios de culto, pequenos artefactos metálicos. O território georgiano é rico neste tipo de material, que ainda não foi totalmente investigado no âmbito das ideias arqueoastronómicas. Este rico material arqueoastronómico, que faz parte do património cultural da Geórgia, precisa de ser estudado e sistematizado de forma minuciosa e completa. Assim, tendo-nos desviado apenas 1700 anos, regressemos ao capítulo 14 do manuscrito e concentremos novamente a nossa atenção e paciência nas páginas amarelecidas. Neste capítulo, o autor apresenta de forma viva a sua visão geocêntrica do mundo. Ele desenhou um sistema do mundo tal como ele o entendia (Fig. 2). Na direção do centro para a periferia, o significado da circunferência de cada círculo concêntrico é mostrado em georgiano, nomeadamente a órbita de um corpo celeste. A sua órbita é reflectida. Assim, no centro está a terra, a água, o ar, o fogo, o céu da lua, o céu de Otarid, o céu de Zohar, o céu do sol, o céu de Marrikh, o céu de Mushtar, o céu de Zohal, o segundo céu móvel, o primeiro céu móvel, depois o chelum empirium, que é o paraíso. Os planetas estão identificados com símbolos correspondentes, difíceis de distinguir. As diferenças e semelhanças entre o sistema de Mtsodne e os sistemas de Apian e Cortes são evidentes. Na obra de Heninger (1977), são descritos trabalhos cosmográficos de muitos autores e é apresentado um rico material pictórico. Depois de compararmos os sistemas do Livro das Estrelas com toda uma série de representações do universo geocêntrico, chegámos à conclusão de que as ideias cosmológicas de Mtsodne se correlacionam mais estreitamente com as ideias cosmológicas de Apian e Cortes. Esta última consideração pode, de facto, ser reformulada, porque os três autores mencionados são, em geral, coerentes e aderem ao sistema mundial geocêntrico. As diferenças visíveis podem ser causadas por: a) a própria compreensão de alguns pormenores por parte dos autores; b) a forma como os autores mencionados obtêm informações relevantes (fontes).

Passemos agora ao capítulo 15 do manuscrito - "Nota sobre o céu determinado e as estrelas". No início, Mtsodne salienta que descreveu anteriormente o movimento dos sete planetas e as suas medidas, mas que agora chegou o momento de aprender mais sobre o céu determinado, o segundo céu móvel e o primeiro céu móvel, e também sobre o paraíso situado abaixo deles. O autor do manuscrito sublinha que a compreensão das caraterísticas destes céus será temperada com a ajuda de Deus. Chama a atenção a seguinte frase: "São os céus que chamamos de determinados que se movem e se modificam, mas as próprias estrelas são determinadas em seus lugares, e por isso os céus são chamados de determinados". O movimento, a mobilidade, a dinâmica do céu determinado também poderiam ter sido apresentados de outra forma por Mtsodne, por exemplo: o céu move-se, o céu é móvel, o céu gira, etc. Mas o autor desconhecido escolheu um caminho diferente, nomeadamente o caminho do movimento pormenorizado e, portanto, certo do céu: "o céu move-se e vai por si mesmo". Tem-se a impressão de que ele queria representar algo mais do que o movimento quotidiano da cúpula do céu. Ousamos supor que Mtsodne conhecia os fenómenos da precessão e da nutação, mesmo que não entre em pormenores sobre estes fenómenos no manuscrito.

No decorrer do capítulo 15 segue-se uma descrição numérica do céu fixo: "comprimento da circunferência"; "largura"; "distância da terra a ele, etc.". Todos os valores numéricos são dados em agaji. Mtsodne segue o caminho da expansão, o desenvolvimento das suas ideias cosmológicas; parece que vem do centro para a periferia. A sua adesão às ideias geocêntricas é bastante evidente. Utiliza bem os fundamentos das ideias antigas. A definição seguinte pode servir de exemplo: "As estrelas deste céu até à sexta ordem têm tamanhos e pequenez diferentes umas das outras". Mtsodne tenta associar cada uma das seis ordens de estrelas a caraterísticas correspondentes, "comprimento da circunferência", "largura", etc. No entanto, não se deve confiar nos valores sugeridos para os números. O núcleo do raciocínio de Mtsodne é óbvio: ele descreve o sistema de valores das estrelas e tenta relacionar o seu brilho visual com a distância até elas. A distância temporal entre o mundo antigo de Hiparco e a era do Renascimento é enorme, mas, apesar disso, algo de novo, conhecimentos astronómicos relativamente modernos são incorporados na cosmologia geocêntrica. Isto prova, mais uma vez, que o autor do Livro das Estrelas tinha um intelecto vasto e utilizou no seu livro um grande número de fontes de diferentes origens e épocas. O aparecimento dos termos "grandeza" e "pequenez" das estrelas nas páginas do manuscrito é um facto de grande interesse.

Pannenkoek (1966) refere que Cláudio Ptolomeu definiu seis classes de estrelas para diferenciar o brilho, a que chamou estrelas da primeira à sexta magnitude. Muito mais tarde, Tycho Brahe tentou relacionar os valores estelares das estrelas correspondentes com os seus tamanhos angulares. Pannekoek também menciona que Ptolomeu rotulou as estrelas com valores estelares correspondentes que diferem em menos de um valor estelar com as palavras "maior" ou "menor". Temos assim mais uma prova das ideias geocêntricas de Mtsodne, nomeadamente o seu profundo conhecimento dos trabalhos dos astrónomos do passado. De facto, ele retém completamente o sistema de divisão das estrelas em classes (séries) e utiliza também os termos "grandeza" e "pequenez". É também possível que o autor do manuscrito estivesse familiarizado com as opiniões erróneas de Tycho Brahe sobre os tamanhos angulares das estrelas. O autor do manuscrito continua: "o nono céu ou segundo móvel. Este céu assemelha-se a um cristal. Os Munajibs chamam a este céu cristalino. O sol ilumina não só a terra mas também o céu. O primeiro céu móvel e o segundo céu móvel estão longe do sol. Deus criou este segundo céu como um cristal para que o sol possa iluminar também o outro lado, e o comprimento da circunferência deste céu é igual a 300 mil milhões e 767 milhões e 429 cem mil e 520 agaji. E a largura do céu é de 100 mil e 200 milhões, e a distância até ele é de 580 e 19 milhões, 995 cem mil e 500 agaji. O primeiro céu em movimento é o primeiro a mover-se e puxa todos os outros atrás de si. O seu movimento é tão rápido que terminará em 24 horas.

Mtsodne continua: "Chelum empireo, que é o paraíso e os teólogos dizem que para este empereo há uma luz infinita e indescritível. E este céu é tão sólido que não se move de todo e o trono de Deus está neste céu". Segue-se o texto com conteúdo religioso. Na página 84 pode ler-se: "E assim Zohal ama a terra, ambos são secos e frios; Mtvare e Zohar amam a água, portanto são húmidos e frios; Mushtar e Otarid amam o ar, portanto são húmidos e quentes; Mze e Marte amam o fogo, portanto são quentes e secos". Este fragmento do texto do capítulo 15 do manuscrito foi organicamente incorporado por Mtsodne na narrativa da personagem religiosa. Este fragmento é particularmente notável pelo facto de o nome do planeta vermelho Marrikh, que Mtsodne utiliza sempre, ser simplesmente substituído por Marte. Isto mostra como o autor lida com a terminologia oriental e latina. Em segundo lugar, o conteúdo do fragmento é interessante porque descreve as propriedades dos corpos celestes. Em particular, descreve a secura e a humidade, o frio e o calor, que são caraterísticas dos corpos celestes. No sistema de pensamento cosmológico de Cortes, encontramos também, com ligeiras variações, considerações semelhantes do autor sobre as propriedades dos corpos celestes. É difícil estabelecer paralelos consistentes, mas não se deve excluir completamente a possibilidade de Mtsodne e Cortes terem utilizado as mesmas fontes, semelhantes. Podemos ver claramente a proximidade contraditória entre estes

Os dois sistemas nas suas descrições e estruturas gráficas. Mtsode deslocou a descrição das caraterísticas dos corpos celestes da imagem para o texto e relacionou-as organicamente com o resto do conteúdo do capítulo. Este último facto não deve ser visto como o único cenário possível.

O processo de elaboração do Livro das Estrelas está ligado à reinterpretação, por parte do autor desconhecido, de material previamente lido e estudado. Segue-se, no capítulo 15, a narrativa de carácter religioso. Na página 86 do texto manuscrito, o autor passa a uma narrativa de carácter astrológico, rica em previsões baseadas no movimento visível dos corpos celestes nas constelações. Na página 87, afirma-se que "os nomes de 12 Burji são tais: Erkemeli, Dekeuli, Tkubi, Kiborchkhala, Lomi, Qaltsuli, Sastori, Moriali, Mshvildosani, Tkhis rqa, Tsklis saqaneli, Tevzi. O Zodíaco divide esta faixa queimada em quatro kerdzi: primavera, verão, outono e inverno". Este texto é acompanhado de esboços dos símbolos correspondentes. O autor desconhecido deu os nomes georgianos de 12 constelações zodiacais. O quadro 5 apresenta os nomes georgianos e as designações latinas correspondentes, de acordo com Chubinashvili (1961). A coluna 1 do quadro contém os nomes georgianos com a transliteração inglesa entre parêntesis rectos e a coluna 2 os nomes latinos.

Quadro 5

ერკემელი	[erkemeli]	Aries
დეკეული	[dekeuli]	Taurus
ტყუპი	[tkupi]	Gemini
კიბორჩხალა	[kiborchkhala]	Cancer
ლომი	[lomi]	Leo
ქალწული	[qaltsuli]	Virgo
სასწორი	[sastsori]	Libra
მორიალი	[moriali]	Scorpio
მშვილდოსანი	[mshvildosani]	Sagittarius
თხის რქა	[tkhis rqa]	Capricornus
წყლის საქანელი	[tsklis saqaneli]	Aquarius
თევზი	[tevzi]	Pisces

É de referir que alguns dos nomes georgianos foram atualmente alterados e já não são utilizados na literatura científica.

No decorrer do texto do capítulo 15, Mtsodne oferece ao leitor uma narrativa de carácter astronómico e astrológico. Há um pouco de tudo nas máximas e ideias do autor desconhecido. Há alguma astronomia e, de um modo geral, não pouca astrologia. O texto é um pouco irregular e contém alguns erros. A nossa atenção é então atraída para a página 90. Aí se diz, entre outras coisas "Há quatro primaveras, que se chamam eqinocia na língua dos Munajibs, e em oriental - navruz. A primeira primavera é a 11 de março, ao meio-dia, até 11 de Tibatve. O segundo é o navruz de verão, que se chama solisticio estivale e começa a 12 de Tibatve, ao meio-dia, até 12 de Enkenistve. Terceiro - Navruz de outono, que começa no dia 13 de Enkenistve, ao meio-dia, até ao dia 13 de Natal. Quarta - Navruz de inverno, que começa no dia 13 de Natal ao meio-dia e vai até ao dia 11 de março".

Nesta curta secção do texto, Mtsodne conseguiu combinar a terminologia de três espécies - Equinocia e Solisticio europeias; Navruz oriental (persa, árabe); nomes de meses georgianos - Tibatve e Enkenistve.

As quatro fontes do autor desconhecido são quatro estações do ano. As datas do calendário indicadas pelo autor atestam as ideias cronológicas de Mtsodne. Os fenómenos astronómicos recorrentes mencionados pelo autor desconhecido são os solstícios e os equinócios. Estes dois fenómenos estão relacionados com o movimento visível do Sol na eclítica, que era frequentemente utilizado em alguns sistemas de medição de períodos de tempo contínuos. Mtsodne não se esquece de mencionar a variante oriental do termo "equinócio". Passemos agora aos nomes georgianos dos meses (Kekelidze 1941). O tema em questão é vasto e não está diretamente relacionado com o objeto do nosso estudo. Há muitas obras dedicadas ao estudo do sistema georgiano de cronologia e dos nomes georgianos dos meses. No georgiano antigo, alguns meses tinham nomes puramente georgianos, os restantes eram traduções do persa e de outras línguas. De um modo geral, os nomes dos meses georgianos podem ser divididos em duas classes principais: nomes pagãos antigos e nomes posteriores da era cristã. Alguns nomes de meses da Antiguidade tardia entraram nos nomes do início da Idade Média e foram utilizados até aos séculos VII e VIII.

De acordo com S.S. Orbeliani, o mês de Tibatve corresponde a julho. No entanto, segundo Kekelidze (1941), Tibatve poderia corresponder tanto a junho como a julho. A ambiguidade e as diferentes opiniões devem-se ao facto de, em diferentes períodos do calendário georgiano, o início do ano coincidir com o início de meses diferentes e, utilizando as designações actuais, deve referir-se que o ano começava em março, agosto, setembro e janeiro. Sem dúvida, Tibatve pertence aos nomes pagãos e, traduzido do georgiano, significa "mês da produção de feno". De acordo com Chubinashvili (1961), Enkenistve era setembro, com enkenia a significar mês de renovação na tradução georgiana. Parece que pertence à última classe de nomes de meses do período cristão. Vemos assim que o autor desconhecido opera com termos e conceitos de carácter, épocas e origens diferentes. Complementando-se com material equivalente, constrói um mosaico das suas próprias ideias sobre o mundo das estrelas e dos planetas. Em seguida, o autor desconhecido, trabalhando com ideias astronómicas, entra na esfera dos prognósticos sobre os destinos humanos. O contexto astrológico da apresentação do material é claro. As figuras 7-8 mostram as páginas 91 e 92 do manuscrito.

Fig. 7. página 91 do Livro das Estrelas.

Fig. 8. página 92 do Livro das Estrelas.

As imagens são da mão de Mtsodne (ou de um escriba) e ilustram graficamente um determinado sistema de previsões. Mtsodne descreve as imagens discutindo a posição dos planetas e das constelações num único contexto. A página 93 é mostrada na Figura 9.

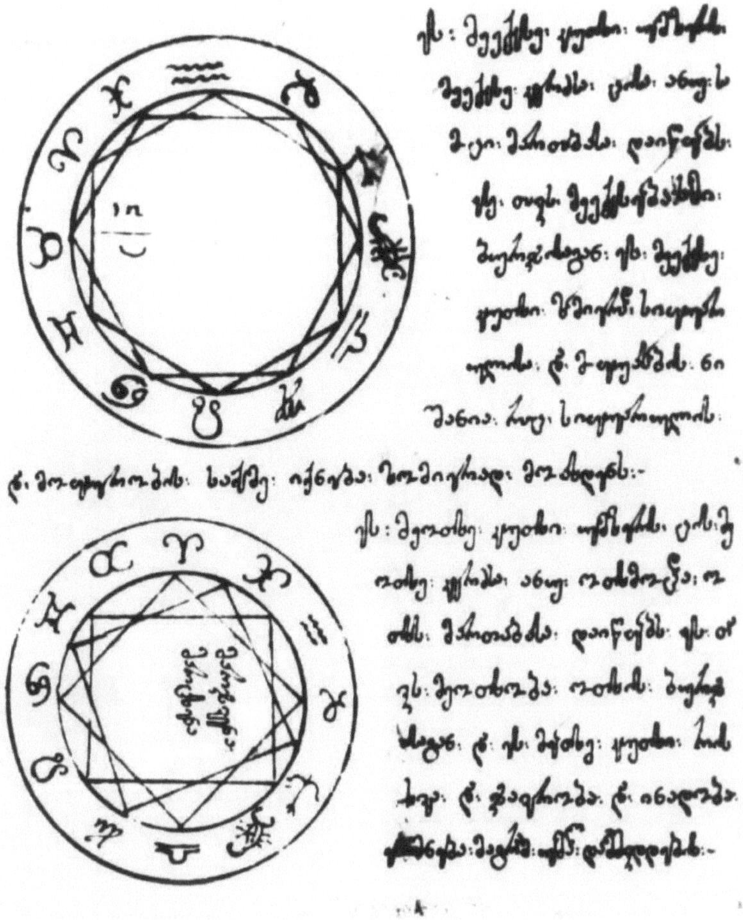

Fig.9 Página 93 do manuscrito.

De seguida, Mtsodne menciona as regiões da Geórgia, incluindo Kakheti, Imereti e Odizhi. De seguida, propõe aos leitores uma extensa tabela que descreve o movimento do Sol de acordo com as constelações. Na Figura 10, vemos a página 106 do manuscrito - um fragmento da tabela mencionada (o Sol nas constelações de Aquário e Peixes, números em letras). O Mtsodne apresenta tabelas de natureza contabilística para calcular a observabilidade dos corpos celestes em períodos de tempo correspondentes.

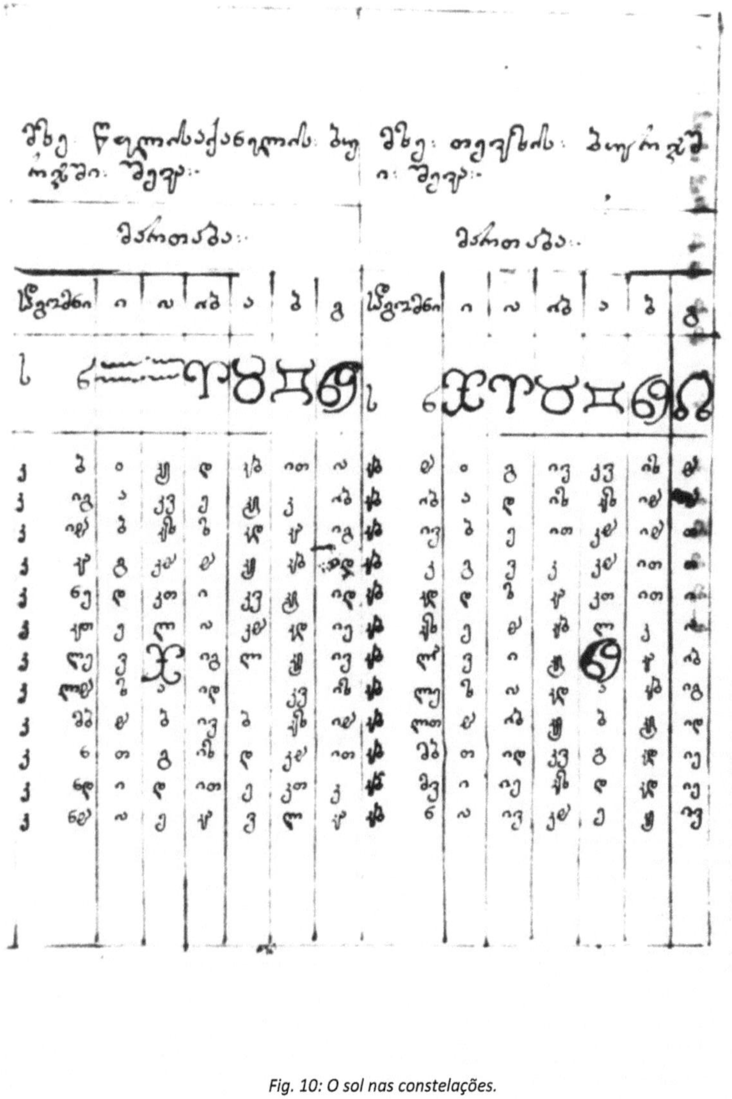

Fig. 10: O sol nas constelações.

As figuras 11-12 mostram as páginas 110-111 do manuscrito com essas tabelas. Estas tabelas destinam-se a determinar a observabilidade dos corpos celestes em períodos de tempo correspondentes (tabelas diurnas e nocturnas).

Fig. II. Página 110 do Livro das Estrelas.

Se analisarmos o conteúdo das tabelas e as descrições, podemos supor que Mtsodne calcula as posições dos corpos celestes no período de observação e outros parâmetros, principalmente com o objetivo de prever a "influência" dos corpos celestes no destino das pessoas e do país. E embora opere com termos e conceitos astronómicos, não abandona o campo da astrologia, parecendo mesmo que não tem esse desejo. Esta dualidade contraditória é um sinal cultural, um marcador da respectiva época. Neste ponto, vale a pena notar que o autor desconhecido não separa exatamente o capítulo 16, que deveria seguir-se logicamente ao capítulo 15. Em vez disso, é seguido por material que pode ser relacionado quer com o fim do capítulo 15, quer com o capítulo 16. Isto pode ser uma prova de que o atual manuscrito foi copiado de um anterior e que o escriba cometeu um lapso. thO capítulo 17, intitulado pelo autor "Inquirições sobre constelações por estrelas e nomes de estrelas", começa na página 112. Mtsodne escreve: "Agora, digamos sobre 48 céus onde há 1022 estrelas, tal como escrevemos acima sobre magnitude e pequenez até à ordem 6 .

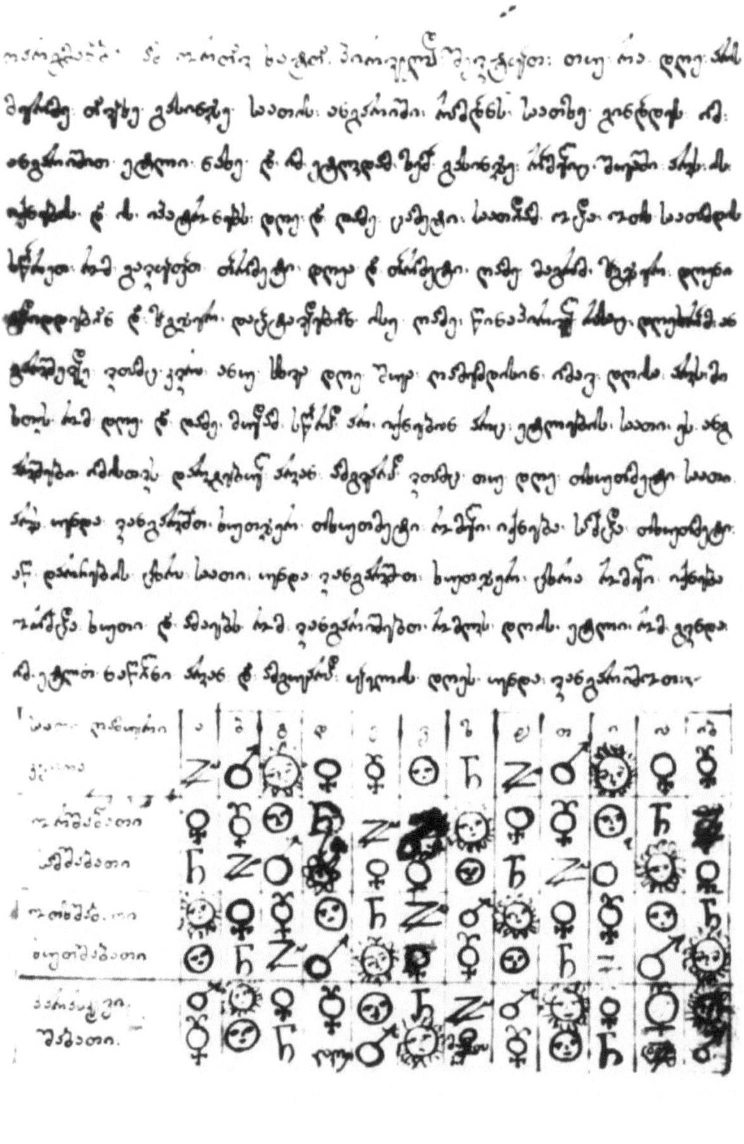

Fig. 40. Página 111 do manuscrito.

Em primeiro lugar, Erkemeli foi formada por 13 estrelas, 6 das quais são luminosas e as restantes não são luminosas. Dekeuli é constituída por 33 estrelas, 12 das quais são mais belas e luminosas e as outras menos luminosas. Tkubi é composta por 18 estrelas, 13 das quais são mais luminosas e as outras não. Kiborchkhala é constituída por 9 estrelas, das quais 8 são luminosas. Lomi é constituída por 27 estrelas, das quais 10 são mais luminosas. Qaltsuli é formada por 26 estrelas, 9 das quais são mais luminosas. Sastori é constituída por 8 estrelas, todas elas luminosas. Moriali é formada por 21 estrelas, 14 - mais luminosas. Mshvildosani é formado por 31 estrelas, 12 - mais luminosas. Tsklis sakaneli é formado por 42 estrelas, 10 - mais luminosas. Tevzi é formada por 34 estrelas, 9 - mais luminosa. Estas estrelas estão no céu particular: a primeira é Arkturo, que é a Datvi sénior (na opinião de Mtsodne), tem 27 estrelas, 12 - mais luminosas. Depois há Chimosura, o Datvi júnior, que tem 7 estrelas. Estes datvi têm mamasakhlisi de 22 estrelas, e 12 estrelas são luminescentes. Gveleshapi tem 31 estrelas, 13 - mais luminescentes. Chefeo é força, e tem 11 estrelas, 8 - mais valiosas. Gerkula é força e tem 28 estrelas, 12 - mais luminosas. Chianuri tem 10 estrelas. Chino, que é um porco espinhoso, tem 17 estrelas, 12 - mais brilhante. Cassiopeia tem 13 estrelas, 8 - mais valiosas. Sparsiani tem 26 estrelas, 10 - mais brilhante. Uremi tem 13 estrelas, 10 - mais velhas e mais brilhantes. Esculapio, ou seja, uma vassoura, tem 23 estrelas, 12 - mais luminosas. Gveli tem 18 estrelas, 10 - mais luminosas. Isari tem 5 estrelas, são luminosas. Artsivi tem 9 estrelas, 6 - mais luminosas. Delphino - peixe tem 10 estrelas, 7 - mais luminosas. Kolitskheni tem 20 estrelas, 12 - mais luminosas. Tskheni tem 4 estrelas com baixa luminosidade. Andrómeda tem 23 estrelas, 12 - mais luminosas. Mesame kutkhi tem 4 estrelas, 3 - mais luminosas. Veshapi - peixe tem 22 estrelas, 13 - mais luminosas. Zutkhi tem 38 estrelas, 12 - mais luminosas. Eridanonilo tem 34 estrelas, 10 - mais luminosas. Kurdgheli tem 12 estrelas, 8 - mais luminosas. Dzagli tem 18 estrelas, 8 - mais luminosas. Lekvi tem 2 estrelas, 1 - mais luminosa. Argo, ou seja, um navio, tem 45 estrelas, 18 - mais luminosas. Iremi tem 25 estrelas, 14 - mais luminosa. Tasi tem 7 estrelas, 4 - mais luminosas. Korani tem 7 estrelas, 6 - mais valiosas. Okros asistavi tem 37 estrelas, 13 das quais são naturalmente brilhantes e valiosas. Trapezi tem 13 estrelas, 7 - mais luminosas. Ariosis gvirgvini tem 13 estrelas, 10 - mais luminosas. Samkhreteli tevzi tem 12 estrelas, 10 - luminosas. Mtsodne enumera 48 constelações do céu antigo. Esta lista tem a forma de um catálogo de estrelas e constelações, no qual o autor do manuscrito indica o número e o brilho das estrelas nas constelações correspondentes. São também mencionadas no capítulo 1022 estrelas, provavelmente do catálogo de estrelas de Ptolomeu. Mtsodne referiu-se ao capítulo 18 como "Como o Sol entrará nas constelações". O capítulo descreve em pormenor o movimento do Sol através das constelações e dá os métodos para predeterminar o movimento do Sol nas constelações correspondentes. A narrativa é de natureza descritiva e instrutiva e cumpre objectivos astronómicos e astrológicos práticos.

O capítulo 19 - "O significado das virtudes dos doze estados para a sua proteção" - contém informações de natureza astrológica, elementos de prognóstico e de predição. Chama-se a atenção para a tabela, composta por símbolos gráficos das constelações e planetas e os correspondentes valores numéricos das suas posições. Reproduzimos aqui este quadro (Figura 13). A coluna do canto inferior direito da tabela está identificada como "Tolomeos".

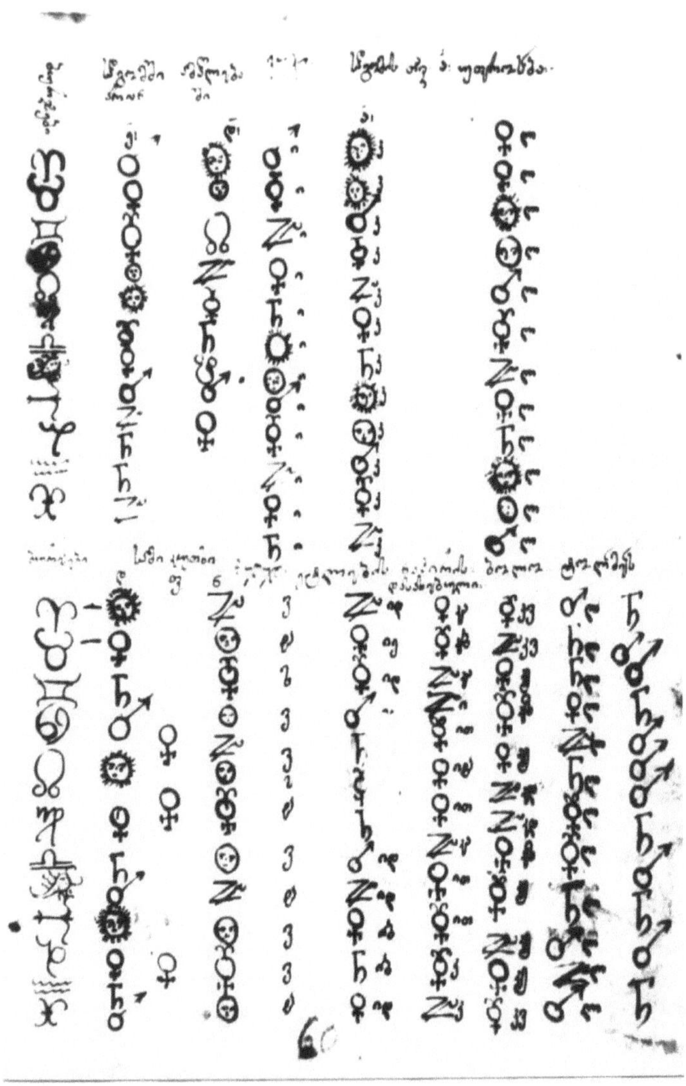

Fig.13. Fragmento do capítulo 19.

A tradição das previsões e profecias continua no capítulo 20 do Livro das Estrelas. O autor do manuscrito descreve em pormenor a "influência" dos astros e dos planetas no destino das pessoas e do mundo em geral. Ao descrever vários fenómenos, acontecimentos ou caraterísticas, Mtsodne recorre frequentemente às profecias do filósofo Demócrito. A menção deste antigo filósofo grego, fundador dos antigos estudos atomísticos, indica que as fontes utilizadas por Mtsodne e, consequentemente, a sua erudição, eram amplas e abrangentes.

Os capítulos 21, 22 e 23 do Livro das Estrelas são também dedicados a profecias e previsões. O destino das pessoas, os fenómenos climáticos, as colheitas e outros aspectos do mundo quotidiano e ambiental são descritos pelo autor do manuscrito.

Nestes capítulos, são abordados os esquemas, os horóscopos, os movimentos e as aparições dos corpos celestes. Deve ser mencionado aqui que a regularidade do conhecimento astrológico é sempre baseada na experiência de observações e métodos de previsão. Mtsodne compreende as peculiaridades da diferença entre astronomia e astrologia e discute-as num único contexto. As estrelas utilizadas por Mtsodne chamam a atenção (capítulo 23): Fidicula, Santo, Delfino, Arturo, Flecha, Calculadora, Águia, Cavalo, Peixe do Sul, Argonautas, Cão, Sukole, Asistavi de Ouro, Sóbrio, Asturo, Cabra, Orionte, Serpente, Orion, Coroa, Cavalinho, Ave, Cabrinha, Urmis, Plêiades, Taça de Ouro, Cassiopeia, Escorpião e Cãozinho. Aqui o autor do manuscrito enumera estrelas individuais, referindo-se frequentemente às estrelas mais brilhantes das constelações correspondentes, por exemplo, a estrela da Águia, Cassiopeia, etc. Os aglomerados estelares das Plêiades também são mencionados aqui. Dois factos são interessantes: 1. o nome Argo ou Argonautas já não é usado hoje em dia em relação à constelação em questão. A transformação desta constelação está concluída. 2. o termo "Uremi" é puramente georgiano e significa "carruagem" na tradução. Daqui se deduz que Mtsodne poderia ter usado fontes georgianas que listam os nomes georgianos das constelações e que, por outro lado, o autor do manuscrito poderia ter tentado traduzir um termo estrangeiro regular para a língua georgiana. No mesmo capítulo, Mtsodne escreve "o dia é solisticia, o verão é navruz. O dia será mais curto e a noite mais longa". Como podemos ver, o autor do manuscrito informa o leitor sobre o fenómeno astronómico do solstício, traduzindo o termo "solisticia" por "navruz". O capítulo 24 do Livro das Estrelas consiste em previsões regulares e predições de fenómenos meteorológicos. O autor prevê e descreve os ventos, as chuvas e as trovoadas com base no movimento dos corpos celestes, o Sol e os planetas. Este raciocínio deriva provavelmente das ideias do autor do manuscrito sobre uma relação "aparente" entre qualquer acontecimento astronómico, por exemplo, a ocultação de um planeta por outro, e as condições meteorológicas locais. Poderão a experiência observacional e as estatísticas seculares servir de base a tudo isto? Sim, parece que sim. Mas as coincidências aleatórias de fenómenos astronómicos com alterações meteorológicas são obviamente mal interpretadas nas melhores tradições da brontologia. Aqui não podemos deixar de dizer que, na abundância de manuscritos científicos e outros manuscritos georgianos, encontramos frequentemente manuscritos estilisticamente semelhantes de natureza prognóstica, ou seja, obras de carácter brontológico. Mtsodne estava provavelmente familiarizado com esta camada de conhecimentos, ideias ou ilusões antigas. O capítulo 25 do manuscrito contém os prognósticos. Aqui o autor descreve as marés lunares. Sabe-se que, no Mar Negro, as marés provocadas pela ação do Sol e da Lua são insignificantes. O capítulo 26 do manuscrito é de carácter astrológico, por exemplo "Segunda constelação de Dekeuli. Quem nasce sob esta constelação tem uma testa alta, um rosto comprido, olhos grandes, cabelo preto e comprido, a garganta, o pescoço e as sobrancelhas são grossos, o corpo é magro, em tudo o resto é georgiano, obediente. E esta constelação no centro do quarto ângulo e a sua construção é terrena, aquosa e seca". Os leitores não devem duvidar de que as outras constelações e as caraterísticas, formas e caraterísticas "guiadas por elas" são também descritas em pormenor pelo autor do manuscrito.

No capítulo 27 do manuscrito, Mtsodne continua o tema das previsões, a proteção das constelações e planetas sobre a humanidade. Aqui os métodos estão, por defeito, relacionados com as constelações e planetas correspondentes. Naturalmente, são enumeradas 12 constelações e planetas brilhantes visíveis a olho nu. De acordo com Mtsodne, cada uma destas construções de estrelas e planetas protege países e cidades. As pequenas e grandes cidades da Europa Ocidental, as pequenas povoações, as aldeias e os pontos também são aqui enumerados. O autor também menciona o centro e o leste da Europa, os países do Médio Oriente e a Geórgia. Nas páginas do manuscrito, são apresentados vários estados e povoações, mas o destaque vai para as cidades de Itália, Grécia e Espanha. Citemos algumas delas: "Ingilterra; Krakovia; Padovia; Bergamia; Florenca; Inapoli; Elvecia; Sienia; Fistoia; Montecarlo; Treividge; Norinberga; Velisbergia; Montefiazkone; Noverdgia; Olandia; Filandria; Rodostia; Constantipole; Ferra; Galata; Napole; Troia; Garganelia; Malta; Sardina; Córsega; Capria; Latinia; Fisa; Marchilia; Mónaco; Milano; Palermo; Syracuza; Nola; Scuilachia; Strongoli; Katania; Alexsandria; Babilovani; Antiokia; Ispani; Imereti; Kakheti". É claro que esta lista não está completa. Muitos nomes estão, provavelmente sem intenção, distorcidos; outros são difíceis de identificar.

O excesso de pormenores parece estar relacionado com o facto de o autor do manuscrito ter dirigido a sua informação a cidadãos de diferentes países e cidades. Qualquer cidadão do continente europeu ou uma pessoa que viva no Médio Oriente deveria saber e compreender quais as constelações e planetas que "guiam" o destino da sua cidade, país ou região. Tudo isto prova, mais uma vez, que o Livro das Estrelas é um livro de referência ou uma obra enciclopédica que reflecte o conhecimento e as ideias dos nossos antepassados sobre o mundo e o papel do homem e da civilização como um todo no universo infinito. Estes conhecimentos e estas ideias estão tricotados num denso nó de dados reais de carácter empírico, de ilusões e de todos os outros aspectos culturais da existência e da consciência humanas.

O capítulo 27 também contém informações religiosas. Provavelmente, o autor das linhas do Livro das Estrelas tentou escrever sobre tudo. Parece que esses manuscritos de referência formavam o campo da informação antiga que circulava e se multiplicava de um centro para outro, da fonte para o leitor, passando de um homem para outro com uma espécie de velocidade permanente de um ano para outro. Mtsodne não pode ter sido o único único neste número. Esses compiladores ou tradutores intelectuais e pensadores podiam trabalhar e funcionar em vários centros de saber, institutos de religião e ciência, por exemplo, em igrejas, observatórios e bibliotecas. Isto é tanto mais provável quanto mais claramente vemos os contornos de tal formato, intercâmbio cultural e crescimento institucional no período do Renascimento na Europa Ocidental. No entanto, tudo isto são apenas pensamentos de hipótese que surgem quando se tenta explicar as particularidades do Livro das Estrelas e o seu percurso no labirinto do conhecimento antigo. Hoje, na encruzilhada das épocas, no meio da onda de detalhes virtuais e microscópicos do infinito, estamos prontos a acreditar, mais precisamente, a confiar em factos concretos, materiais, dados, palavras de informação verificada. Os futuros investigadores do Livro das Estrelas devem definitivamente pesquisar mais, ler com mais pormenor, comparar mais amplamente.

O capítulo 28 é dedicado à descrição de várias datas, períodos de tempo e épocas. Contém uma descrição pormenorizada de vários factos e acontecimentos históricos que tiveram lugar em diferentes partes do mundo. Em particular, Mtsodne menciona que, em 1358 d.C., apareceu uma estrela no sul, que foi chamada Cumeta pelos Munajibs. Naturalmente, referia-se ao aparecimento do cometa brilhante. Também é mencionado o céu de Espanha, onde apareceu um pilar de fogo. Mtsodne tenta relacionar alguns acontecimentos com a posição de corpos celestes brilhantes em constelações correspondentes ou com os campos da esfera celeste.

No catálogo cronológico de cometas antigos (Yeomans, 1991), nenhum cometa é descrito no "Livro das Estrelas".

No capítulo 29, Mtsodne descreve a influência dos corpos celestes no destino das pessoas em diferentes fases das suas vidas. O nome de Aristóteles é mencionado mais do que uma vez e o texto deste capítulo contém também informações de carácter religioso.

O capítulo 30 descreve a ordem e os nomes das constelações. Este facto é bastante curioso, pois reflecte, em certa medida, as ideias filosóficas e cosmológicas do autor do manuscrito. O próprio facto de Mtsodne colocar 12 constelações num contexto único com a ordem dos corpos celestes e dos acontecimentos significa que o autor do manuscrito vê o mundo como unificado, completo e sistemático e submete-o a leis comuns inexoráveis. O texto do capítulo 30 começa com as seguintes palavras: "Os teólogos e os filósofos dizem que Deus criou primeiro os céus e os corpos celestes, a Terra e a constelação "Erkemeli" - Áries, a mais antiga das constelações. A entrada do sol no Erkemeli é um bom sinal. Diz-se: "Havia um homem chamado Rómulo que calculava o ano de acordo com a constelação Erkemeli, porque o Sol é o rei de todas as constelações e corpos celestes, e as constelações são criadas pelo Sol. Todas as constelações do céu têm nomes e aparências, bem como nomes e rostos terrestres, por isso vou falar-vos de cada uma delas e deveis entendê-las e compreendê-las bem, com cuidado, com atenção". O autor está provavelmente a aludir a Rómulo, o fundador de Roma. Depois continua: "Uma rede sagrada no Mar Negro, de Constantinopla a Odishi, que se enrolava no corno de Erkemeli e se elevava até ao céu, e os Munajibs chamavam-lhe a constelação de Erkemeli. Outra constelação é a de Dekeuli (Touro). Havia um escritor de versos, Joe, que forjava os versos de leste para oeste e os determinava no oeste, e para isso eram necessários grandes esforços, e a constelação chamava-se "Dekeuli". Aqui Mtsodne menciona Odishi no Mar Negro, que é um nome antigo da região da Geórgia - Samegrelo. Em seguida, nomeia as constelações e descreve o processo da sua formação nas ideias e desejos dos poetas e pensadores antigos. Além disso, o autor do manuscrito também menciona nomes georgianos contemporâneos de constelações. Nomeadamente: Tkubi (Gémeos); Kiborchkhala (Cancro); Lomi (Leão); Kaltsuli (Virgem); Sastori (Balança); Morieli (Escorpião); Mshvildosani (Sagitário); Tkhis rka (Capricórnio); Tsklis sakaneli (Aquário); e Tevzi (Peixes). O autor do manuscrito nomeia Kastore e Polushe, bem como Jove e Ganimedo. Isto significa que o autor descreve ou traduz as ideias mitológicas dos antigos sobre as constelações e os corpos celestes, em geral. No mesmo capítulo, encontramos linhas bastante curiosas sobre a Via Láctea, em particular Mtsodne diz: "O caminho da justiça pelo qual se pode entrar no céu, que os Munajibs chamavam de Via Láctea"..."Munajibs e filósofos dizem: faíscas do sol, da lua e das estrelas se fundem e sua névoa e luz é vista como o caminho branco". Isto testemunha não só a descrição mitológica das estrelas e dos seus grupos, mas também o esforço do autor para compreender o mundo na sua totalidade, para ver a posição das estrelas nas profundezas escuras do céu e para penetrar na estrutura do nosso sistema solar como um todo único. Não é totalmente claro se se trata de um desejo privado do autor, da sua modesta tentativa de descrever o mundo das estrelas da nossa galáxia com base nos seus próprios conhecimentos, ou de uma tradução hábil, de uma compilação ou simplesmente de uma simplificação das obras dos clássicos. Outra questão surge do facto de, na herança oral georgiana e também na literatura, existir o nome da Via Láctea sob a forma de Irmis nakhtomi, que na tradução significa "salto do veado". Existem outros nomes populares georgianos para a Via Láctea, por exemplo, Kharis navali - o rasto de um touro. Estes nomes ainda hoje são utilizados na linguagem oral para várias secções da Via Láctea. No entanto, nenhum destes nomes foi utilizado por Mtsodne. Terá sido por ele não os conhecer? A resposta a esta pergunta requer mais investigação.

O capítulo 31 do Livro das Estrelas, o maior e último, intitula-se "Profecias Antigas do Carácter das Constelações pela Lua". O texto deste capítulo começa com a seguinte narrativa: "E devemos saber que o luar é chamado de relato dourado, e este relato é tão correto e verdadeiro que foi chamado de dourado. E esta conta de ouro devemos recomeçar a cada doze anos. Ano - isto é, doze meses, cada um dos quais tem uma lua, e esta lua tem quatro kerdzi. A primeira parte é a lua nova, a segunda é a cheia, a terceira é a minguante e a quarta é a final. Para não distorcer este cálculo e para o tornar correto, deve ser acrescentada uma hora a cada dezanove anos. Assim, um dia é acrescentado ao trigésimo quarto ano. E quando estes trezentos e quatro anos terminarem, deve-se recomeçar o cálculo com o décimo nono ano." Aqui Mtsodne entende o termo georgiano "kerdzi" como um quarto ou uma parte visível da lua. Em princípio, o autor descreve erradamente e de forma incompleta um ciclo de meton na descrição correta da mudança das fases lunares, que se reflecte no número de verões citado 304. É claro que o erro pode ter ocorrido no processo de copiar várias vezes o manuscrito, ou seja, o escriba pode ter cometido erros numéricos. É difícil excluir uma tal confluência de circunstâncias, mas atribuir permanentemente a culpa aos escribas é incoerente e injusto.

O capítulo desenvolve-se então sob a forma de um quadro de texto contínuo e extenso com numerosas previsões, organizadas por mês do ponto de vista do autor. Ao ler estas previsões meteorológicas, não podemos deixar de nos lembrar das obras de brontologia de várias épocas. Citamos aqui excertos do atual último capítulo do Livro das Estrelas: "'Chronicon 1652, 1671, 1690 em janeiro é o fim da lua: 3, 8, 30, esta noite Libra 6, sinal de uma má tempestade de neve. A lua nova: 10, 12, 21, esta noite Capricórnio 13, sinal de tempo seco. A Primeira Lua: 18, 3, 24, esta noite Carneiro 20, sinal de uma má tempestade de neve. A Lua Cheia - 25, 22, 39, ao meio-dia Leão 28, um sinal de tempo nublado" (Fig.14 -15, onde são mostradas as primeiras páginas do capítulo 31). Aqui vemos erros de cálculo e erros. Em seguida, o texto do capítulo diz: "Em maio a lua nova: 7, 1, 2, esta noite Touro 12, um sinal de tempo seco. ... Em Mcatatve - a lua nova 5, 23, 26, ao meio-dia Câncer 13, sinal de tempo húmido". O texto deste capítulo contém diferentes variantes de previsões meteorológicas por meses, dias, descrições atractivas da lua e das constelações. O autor do manuscrito utiliza não só nomes latinos dos meses, mas também nomes puramente georgianos, por exemplo: Tibatve - junho; Mkatatve - julho; Mariamobistve - agosto; Enkenistve - setembro; Gvinobistve - outubro; Giorgobistve - novembro; Kristeshobistve - dezembro.

Fig. 14: A primeira página do capítulo 31.

O autor do manuscrito ou um dos muitos escribas não parece ter acrescentado nada à descrição do mundo, das estrelas e dos planetas, à série de numerosas previsões e profecias sobre o destino do mundo, do país, da humanidade, das particularidades do tempo, das condições climáticas, etc.

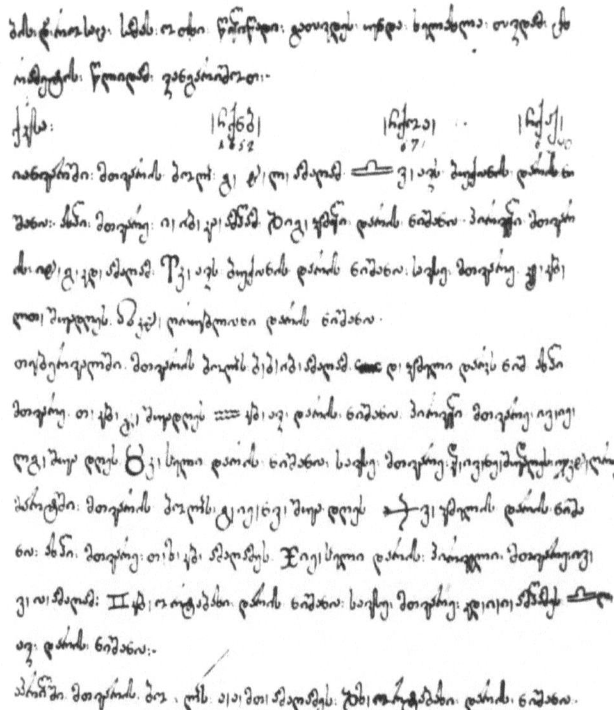

Fig. 15 A segunda página do capítulo 31.

Mas na última página vemos um aditamento, ou mais precisamente, um aditamento numa caligrafia diferente. [th]Diz o seguinte: "O pequeno Mikhaka nasceu no ano de 1865, a 18 de setembro, na lua 10, no sábado, ao meio-dia, à uma hora do dia" Os números são aqui apresentados em letra alfabética, e setembro é mencionado como Enkenistve. Para o autor deste suplemento, este acontecimento parecia ser muito importante. Por isso, acrescentou esta informação à nota ou ao boletim contínuo. Para nós, é uma data significativa, porque podemos constatar que passaram 141 anos desde 1724, durante os quais o Livro das Estrelas pode ter sido copiado mais do que uma vez, inúmeras vezes.

Talvez por isso, o Centro Nacional de Manuscritos da Geórgia tenha conservado as primeiras variantes do Livro das Estrelas, as variantes posteriores e, provavelmente, as anteriores. O capítulo 31 e todo o manuscrito foram finalizados. A análise que efectuámos pode ser definitiva? Certamente que não, porque cada vez que lemos os manuscritos descobrimos algo de novo.

Consequentemente, o Livro das Estrelas termina no capítulo 31. Será que o autor do manuscrito não tinha nada a acrescentar ao conteúdo astronómico do material? A ciência astronómica dos séculos XVI a XVIII já tinha um conhecimento regular do mundo das estrelas e dos planetas. A ciência astronómica dos séculos XVI a XVIII já tinha conhecimentos regulares sobre o mundo das estrelas e dos planetas. O heliocentrismo estava a ganhar terreno; Tycho Brahe construiu os instrumentos de medição angular e compilou o catálogo de estrelas; William Herschel estudou a Via Láctea. E todos estes e muitos outros aspectos, factos, datas não são direta ou casualmente mencionados pelo autor do manuscrito, embora isso fosse de esperar, tendo em conta a sua erudição e as fontes que utilizou. É provável que Mtsodne se tenha proposto uma tarefa diferente em relação ao problema - descrever os aspectos da filosofia e da visão do mundo e apoiar a narrativa com conteúdos astronómicos e astrológicos. Mtsodne pode também ter desejado fornecer os seus conhecimentos sob a forma de um pacote de dados de referência verificados de carácter enciclopédico. Por outras palavras, preparou um livro de referência, que forneceu com uma escala cronológica para que as gerações futuras pudessem calcular e utilizar. Atualmente, chama-se a isto um anuário. Mtsodne criou o livro do século, o que é interessante mas contraditório.

Enquanto trabalhávamos na Biblioteca Herzog August em Wolfenbüttel, Alemanha, estudando os materiais astronómicos dos séculos XVII e XVII, a maioria dos quais eram livros e manuscritos da Europa Ocidental, descobrimos que as colecções análogas de obras, obras de referência, criadas sob a pena ou o instrumento de países europeus são chamadas almanaques. Há aqui, sem dúvida, analogias relevantes, mas os almanaques de conteúdo astronómico e astrológico podem muito bem ter sido um fenómeno universal do período iluminista mais alargado. beltrano, ou Belorano, como costumávamos lê-lo (Simonia, 2001), poderia ter sido Ottavio beltrano. Ponderámos este facto em 2005, mas continuamos a ter dúvidas agora. É necessário demonstrar com precisão e consciência que os almanaques de Ottavio beltrano e o Livro das Estrelas são, em grande parte, materiais idênticos. Trata-se de uma tarefa exaustiva e bastante complicada, tanto mais que existem não só semelhanças mas também diferenças substanciais entre o Livro das Estrelas e os almanaques da Europa Ocidental. Timothy Grove está a dedicar-se com sucesso ao estudo do Livro das Estrelas e à sua possível correlação com o Almanaque de beltrano. Preparou e publicou toda uma série de interessantes trabalhos de investigação sobre o manuscrito Q-867 (Grove, 2009).

Conclusão

O património astronómico de diferentes épocas e povos pode ter diferentes origens, fases de desenvolvimento e certezas. Parece-nos que o percurso histórico dos diferentes povos pode ter influenciado fortemente as particularidades caraterísticas deste património astronómico.

O número de manuscritos georgianos não é pequeno, e cerca de 350-400 manuscritos astronómicos georgianos estão guardados no Centro Nacional de Manuscritos em Tbilisi. Outros materiais encontram-se dispersos por dezenas de unidades em repositórios e arquivos na Geórgia. Há provas de que dezenas de manuscritos astronómicos e astrológicos georgianos estão guardados em bibliotecas e arquivos de França, Grécia, Rússia e outros países. Perguntamo-nos se haverá outros livros de estrelas entre este património. Esta é outra tarefa, outro desafio ou motivação para novos investigadores.

A autoria do Livro das Estrelas é outro grande, talvez o maior mistério deste manuscrito. Isto levanta a questão de saber quem foi o autor, tradutor ou compilador deste manuscrito. Não há dúvida de que se tratava de um homem muito culto do seu tempo. Foi apenas por não o conhecermos que lhe chamámos Mtsodne - possuidor de conhecimento.

O Star Book é um cocktail de dados, perguntas, respostas, puzzles e curiosidades. Mas o grande valor deste legado é evidente. Depois de terminarmos o trabalho de análise deste manuscrito e de transferirmos para estas linhas as reflexões sobre o que lemos, temos consciência de que, após anos de trabalho, entendemos e compreendemos este manuscrito muito melhor do que antes, mas as perguntas à espera de resposta são abundantes. É claro que a exploração do Livro das Estrelas ainda não está completa e precisa de ser aprofundada e continuada. Foi apenas o primeiro contacto com este manuscrito e agora é altura de o olhar de uma nova forma. Esperemos que no futuro haja mais investigação que o faça.

Este trabalho foi apoiado pelo DAAD e pela Biblioteca Herzog Augist, Wolfenbüttel, Alemanha.

REFERÊNCIAS

Chikobava, A. The Explanatory Dictionary of Georgian Language, vol.I, Kartuli enciklopedia, Tbilisi, p.29, 1990.

Chittick, W.C. The Sufi Path of Knowledge: Ibn al-Arabi's Metaphysics of the Imagination [O Caminho Sufista do Conhecimento: A Metafísica da Imaginação de Ibn al-Arabi]. Libri Ltd. 1998,p47.

Chubinashvili, N. O dicionário da língua georgiana, Sabchota Sakartvelo, Tbilisi, 1961.

Grant, E. Planets, Stars and Orbs. The Medieval Cosmos, 1200-1687, Cambridge Univ. Press, 1994. p.113; p.417.

th**Grove, Th.** O espelho que não reflecte: Saetlo Xiromantia (um manuscrito astronómico georgiano do século XVII) e o Almanacco Perpetuo de Ottavio beltrano (1630). st 1 Simpósio Internacional Georgian Manuscripts, ed. B. Kudava, Tbilisi, 2009.

Evans, J. The History and Practice of Ancient Astronomy (História e Prática da Astronomia Antiga). Oxfird Univ. Press. 1988, S. 104, 350.

Heninger, S.K. O vidro cosmográfico. Biblioteca Huntington. San Marino, Califórnia, 1977

Javakhishvili,I. The History of the Georgian People, vol. 1, pp. 88-128, Mecniereba, Tbilisi, 1979.

Kekelidze, K. Ancient Georgian Year. Publications of the Tbilisi State University, 18, pp. 1-28, 1941.

Kunitzsch, P. An Unknown Arabic Source for Star Names. Actas de uma União Astronómica Internacional, Colóquio 91, History of Oriental Astronomy. Nova Deli, Índia, 13-16 de novembro, Eds: Swarup, G., Bag, A. K., Shukla, K.S. Cambridge University Press, 1985.

Langermann, T.Y. Ibn al Haytham's, On the Design of the World. In: Harvard Dissertation in the History of Science. Ed. O. Gingerich, Garland Publishing Inc. Nova Iorque, Londres, 1990.

McCluskey, S. C. Astronomies and Cultures in Early Medieval Europe. Cambridge University Press, 1998.

Matvievskaya,G.P., Rozenfel'd, B.A. Mathematicians and astronomers of the Muslim Middle Ages (VIII-XVII centuries) and their works, three volumes, Nauka, Moscow, 1983.

Neugebauer, O. A history of ancient mathematical astronomy (Uma história da astronomia matemática antiga). Springer-Verlag. Berlim, Heidelberg, Nova Iorque, 1975.

Orbeliani, S.S. Georgian Dictionary, vol.1, Eds: E. Metreveli; Ts. Kurtsikidze. Merani, Tbilisi, 1991.

Pannekoek, A. A History of Astronomy, Nauka, Moscovo, 1966.

Pingree, D. The astronomical works of Gregory Chioniades, vol. 1 The rij al Ala'I. Amesterdão, 1985.

Zimmer, A. Dictionary of Astronomy Names (Dicionário de Nomes Astronómicos). Londres e Nova Iorque, 1988.

Simonia,I. Aspectos pouco conhecidos da história da asatronomia georgiana. Journal of Astronomical History and Heritage, 4, pp. 59-73, 2001a.

Simonia, I. As profecias astronómicas de Jonathan Swift. Astronomy, Cosmology and Landscape Proceedings of the SEAC 98 Meeting, Dublin, Ireland, September 1998, Eds. C. Ruggles, F. Prendergast, T. Ray, p. 173, 2001b.

Yeomans, D. K. Comets: A Chronological History of Observations, Science, Myth, and Folklore [Cometas: Uma História Cronológica de Observações, Ciência, Mito e Folclore]. Wiley Science Editions, 1991.

Índice

CAPÍTULO 1 2
CAPÍTULO 2 4
CONCLUSÃO 50
REFERÊNCIAS 51

MIX
Papier aus verantwortungsvollen Quellen
Paper from responsible sources
FSC® C105338

Printed by Books on Demand GmbH, Norderstedt / Germany